Utilize este código QR para se cadastrar de forma mais rápida:

Ou, se preferir, entre em:

www.moderna.com.br/ac/livroportal
e siga as instruções para ter acesso aos conteúdos exclusivos do Portal e Livro Digital

12112950 Aluno 8120

CÓDIGO DE ACESSO:

A 00427 BUPGEOG1E 2 78427

Faça apenas um cadastro. Ele será válido para:

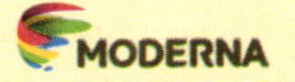

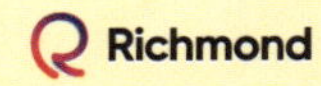

Taciro Comunicação, Alexandre Santana e Estúdio Pingado

Organizadora: Editora Moderna
Obra coletiva concebida, desenvolvida
e produzida pela Editora Moderna.

Editor Executivo:
Cesar Brumini Dellore

NOME: ....

....TURMA: ....

ESCOLA: ....

....

1ª edição

MODERNA

Elaboração dos originais

Juliana Maestu
Bacharel e licenciada em Geografia pela Universidade de São Paulo. Editora.

Lina Youssef Jomaa
Bacharel e licenciada em Geografia pela Universidade de São Paulo. Editora.

Denise Cristina Christov Pinesso
Bacharel e licenciada em Geografia pela Universidade de São Paulo. Mestre em Ciências, área de concentração: Geografia Física, pela Universidade de São Paulo. Professora.

Sérgio Augusto Rodrigues da Silva
Bacharel e licenciado em Geografia pela Universidade de São Paulo. Professor.

Vanessa Rezene dos Santos
Bacharel e licenciada em Geografia pela Universidade de São Paulo. Professora.

Jogo de apresentação das *7 atitudes para a vida*

Gustavo Barreto
Formado em Direito pela Pontifícia Universidade Católica (SP). Pós-graduado em Direito Civil pela mesma instituição. Autor dos jogos de tabuleiro (*boardgames*) para o público infantojuvenil: Aero, Tinco, Dark City e Curupaco.

Coordenação editorial: Lina Youssef Jomaa
Edição de texto: Lina Youssef Jomaa, Juliana Maestu, Carlos Vinicius Xavier, Anaclara Volpi Antonini, Fernanda Pereira Righi, Dafne Lavinas Soutto
Gerência de *design* e produção gráfica: Everson de Paula
Coordenação de produção: Patricia Costa
Suporte administrativo editorial: Maria de Lourdes Rodrigues
Coordenação de *design* e projetos visuais: Marta Cerqueira Leite
Projeto gráfico: Daniel Messias, Daniela Sato, Mariza de Souza Porto
Capa: Daniel Messias, Otávio dos Santos, Mariza de Souza Porto, Cristiane Calegaro
Ilustração: Raul Aguiar
Coordenação de arte: Denis Torquato
Edição de arte: Flavia Maria Susi
Editoração eletrônica: Flavia Maria Susi
Coordenação de revisão: Elaine C. del Nero
Revisão: Ana Cortazzo, Nair H. Kayo, Sandra G. Cortés, Tatiana Malheiro, Thiago Dias
Coordenação de pesquisa iconográfica: Luciano Baneza Gabarron
Pesquisa iconográfica: Camila Soufer, Junior Rozzo
Coordenação de *bureau*: Rubens M. Rodrigues
Tratamento de imagens: Fernando Bertolo, Joel Aparecido, Luiz Carlos Costa, Marina M. Buzzinaro
Pré-impressão: Alexandre Petreca, Everton L. de Oliveira, Marcio H. Kamoto, Vitória Sousa
Coordenação de produção industrial: Wendell Monteiro
Impressão e acabamento: Gráfica Elyon
Lote: 752862
Codigo: 12112950

Dados Internacionais de Catalogação na Publicação (CIP)
(Câmara Brasileira do Livro, SP, Brasil)

Buriti plus geografia / organizadora Editora Moderna ; obra coletiva concebida, desenvolvida e produzida pela Editora Moderna. – 1. ed. – São Paulo : Moderna, 2018. (Projeto Buriti)

Obra em 4 v. para alunos do 2º ao 5º ano.

1. Geografia (Ensino fundamental)

18-17152 CDD-372.891

Índices para catálogo sistemático:
1. Geografia : Ensino fundamental 372.891
Maria Alice Ferreira – Bibliotecária – CRB–8/7964

ISBN 978-85-16-11295-0 (LA)
ISBN 978-85-16-11296-7 (GR)

EDITORA MODERNA LTDA.
Rua Padre Adelino, 758 – Belenzinho
São Paulo – SP – Brasil – CEP 03303-904
Vendas e Atendimento: Tel. (0_ _11) 2602-5510
Fax (0_ _11) 2790-1501
www.moderna.com.br
2022
Impresso no Brasil

1 3 5 7 9 10 8 6 4 2

Que tal começar o ano conhecendo seu livro?

Veja nas páginas 6 e 7 como ele está organizado.

Nas páginas 8 e 9, você fica sabendo os assuntos que vai estudar.

Neste ano, também vai conhecer e colocar em ação algumas atitudes que ajudarão você a conviver melhor com as pessoas e a solucionar problemas.

7 atitudes para a vida

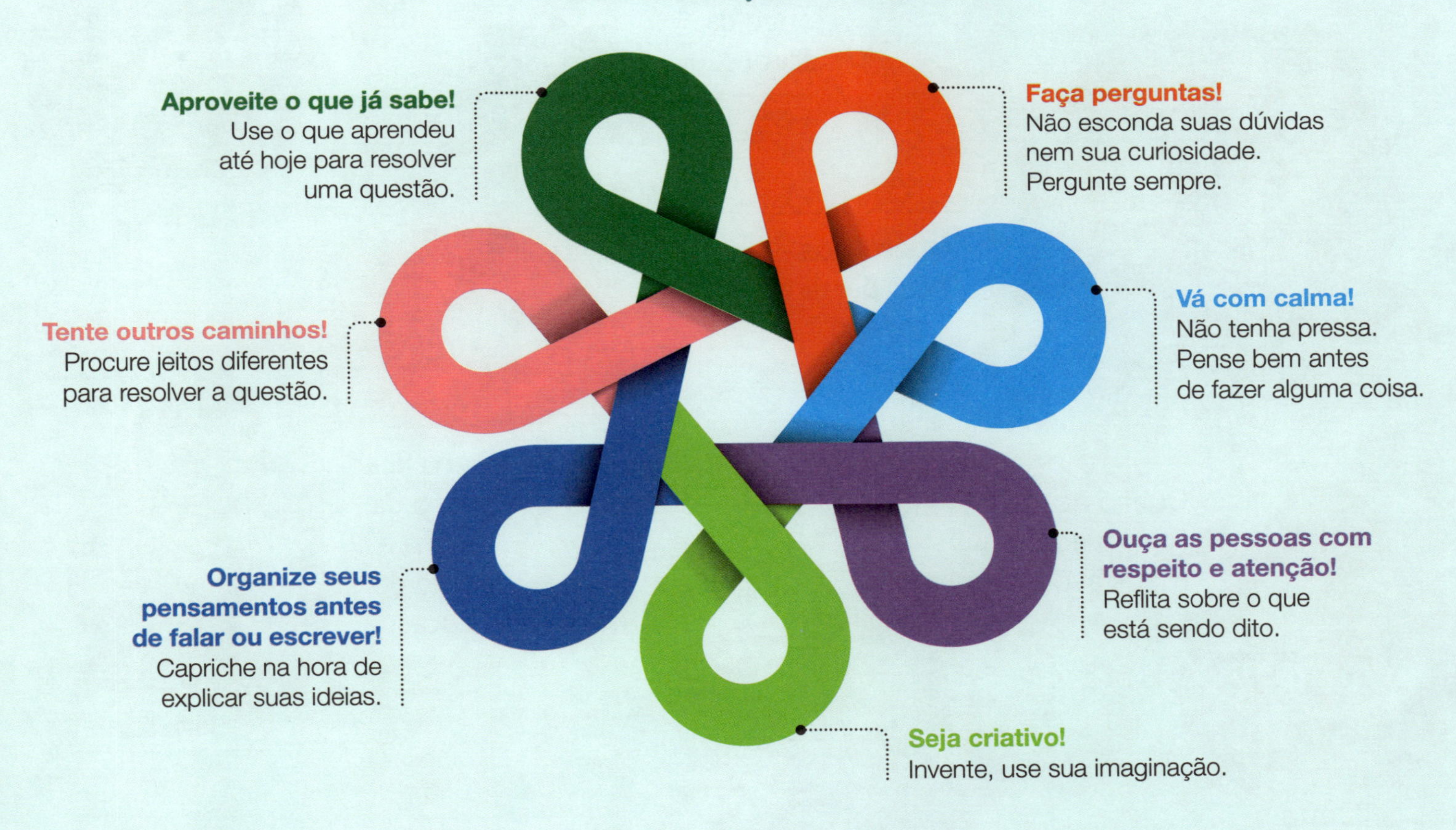

Nas páginas 4 e 5, há um jogo para você começar a praticar cada uma dessas atitudes. Divirta-se!

Acampamento legal!

No *camping* onde a família Oliveira vai acampar, há 6 barracas disponíveis. Exatamente a quantidade de barracas de que a família precisa! Mas uma confusão começou bem na hora de dormir: cada um dos membros da família está exigindo uma barraca com certa característica.

Vamos ajudá-los?

1. As barracas verdes estão disponíveis. As barracas amarelas já estão ocupadas.
2. Leia, abaixo, a exigência de cada membro da família.
3. Descubra qual deve ser a barraca de cada um e preencha o quadro.
4. Depois de ajudar a família Oliveira, que tal um novo desafio? Os campistas das barracas amarelas foram embora! Crie exigências para novos campistas ocuparem essas barracas e desafie um colega!

Mário e Bete: Queremos ficar perto do lago.

Lucas: Quero ficar longe da árvore.

Carla: Quero ficar perto dos meus avós.

Vô André e Vó Neusa: Queremos ficar perto da cozinha comunitária.

ILUSTRAÇÕES: MARCIO GUERRA

Aplique, neste jogo, as 7 atitudes para a vida.

Ouça as pessoas com respeito e atenção!
Preste bastante atenção às orientações do professor e ouça as dúvidas dos colegas. Esses esclarecimentos vão ajudá-lo a compreender as regras.

Vá com calma!
Observe bem a exigência de cada membro da família Oliveira. Tente começar pelo mais exigente.

Tente outros caminhos!
Talvez você precise mudar alguém de lugar para conseguir atender outro.

Organize seus pensamentos!
Leia a exigência de todos os membros da família Oliveira. Depois, preste atenção em uma de cada vez.

Faça perguntas!
Se tiver dúvida sobre as exigências da família Oliveira, pergunte ao professor ou aos colegas.

Aproveite o que já sabe!
Depois de atender à exigência de um dos membros da família, a próxima será mais fácil.

Seja criativo!
Ao criar exigências para ocupar as barracas amarelas, observe a imagem com atenção.

ILUSTRAÇÕES: MARCIO GUERRA

	Mário e Bete	Lucas	Rosa	Carla	André e Neusa	Tio Toni
Barraca						

Conheça seu livro

Seu livro está dividido em 4 unidades. Veja o que você vai encontrar nele.

Abertura da unidade

Nas páginas de abertura, você vai explorar imagens e perceber que já sabe muitas coisas!

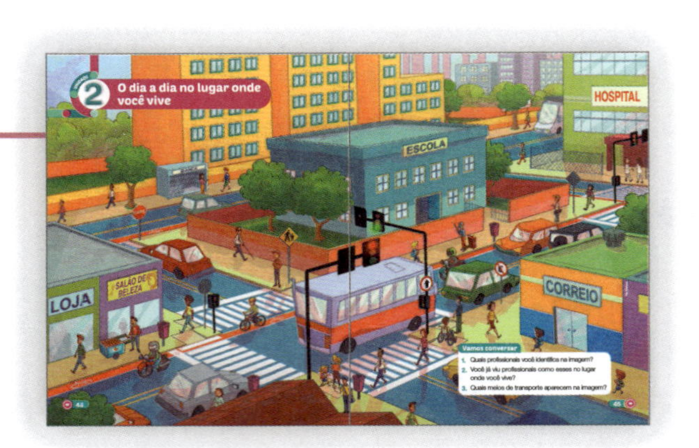

Capítulos e atividades

Você vai aprender muitas coisas novas ao estudar o capítulo e fazer as atividades!

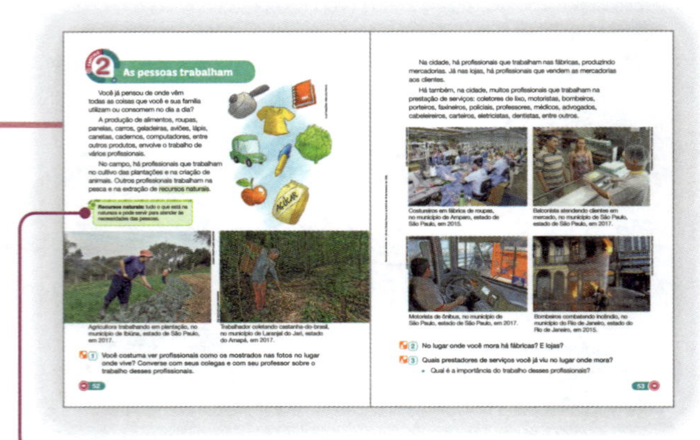

Palavras que talvez você não conheça são explicadas neste boxe verde.

O mundo que queremos

Nesta seção, você vai ler, refletir e realizar atividades sobre atitudes: como se relacionar com as pessoas, valorizar e respeitar diferentes culturas, preservar a natureza e cuidar da saúde.

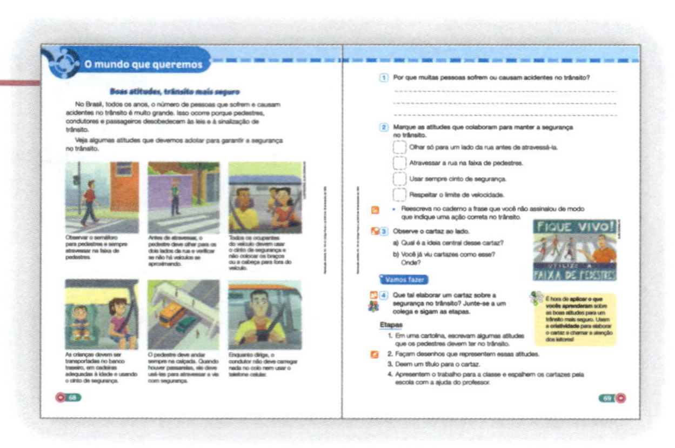

Para ler e escrever melhor

Você vai ler um texto e perceber como ele está organizado.

Depois, vai escrever um texto com a mesma organização. Assim, você vai aprender a ler e a escrever melhor.

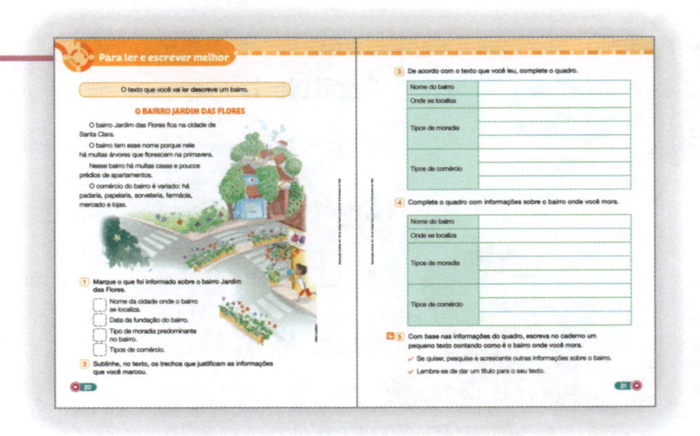

O que você aprendeu

Atividades para você rever o que estudou na unidade e utilizar o que aprendeu em outras situações.

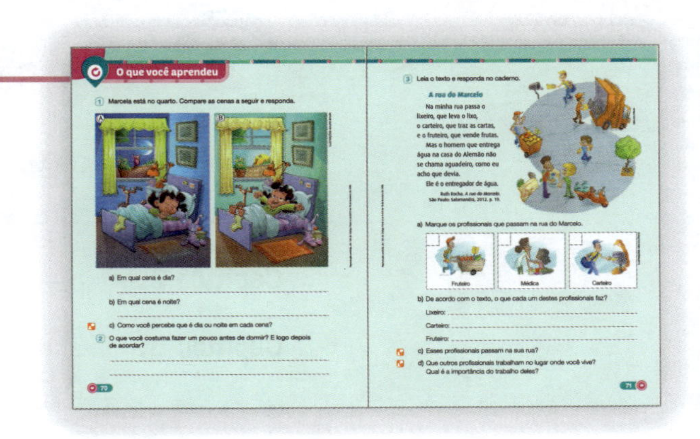

ÍCONES UTILIZADOS

Ícones que indicam como realizar algumas atividades:

Atividade oral

Atividade no caderno

Atividade em dupla

Atividade em grupo

Desenho ou pintura

Ícone que indica 7 atitudes para a vida:

Ícone que indica os objetos digitais:

Sumário

IVAN COUTINHO

ILUSTRAÇÕES: ALEXANDRE DUBIELA

UNIDADE 3 Você se comunica 74

ILUSTRAÇÕES: IVAN COUTINHO

UNIDADE 4 Em cada lugar, um modo de viver 100

RENATO VENTURA

UNIDADE
1
Bairro: o seu lugar
MEU BAIRRO
MERCADO

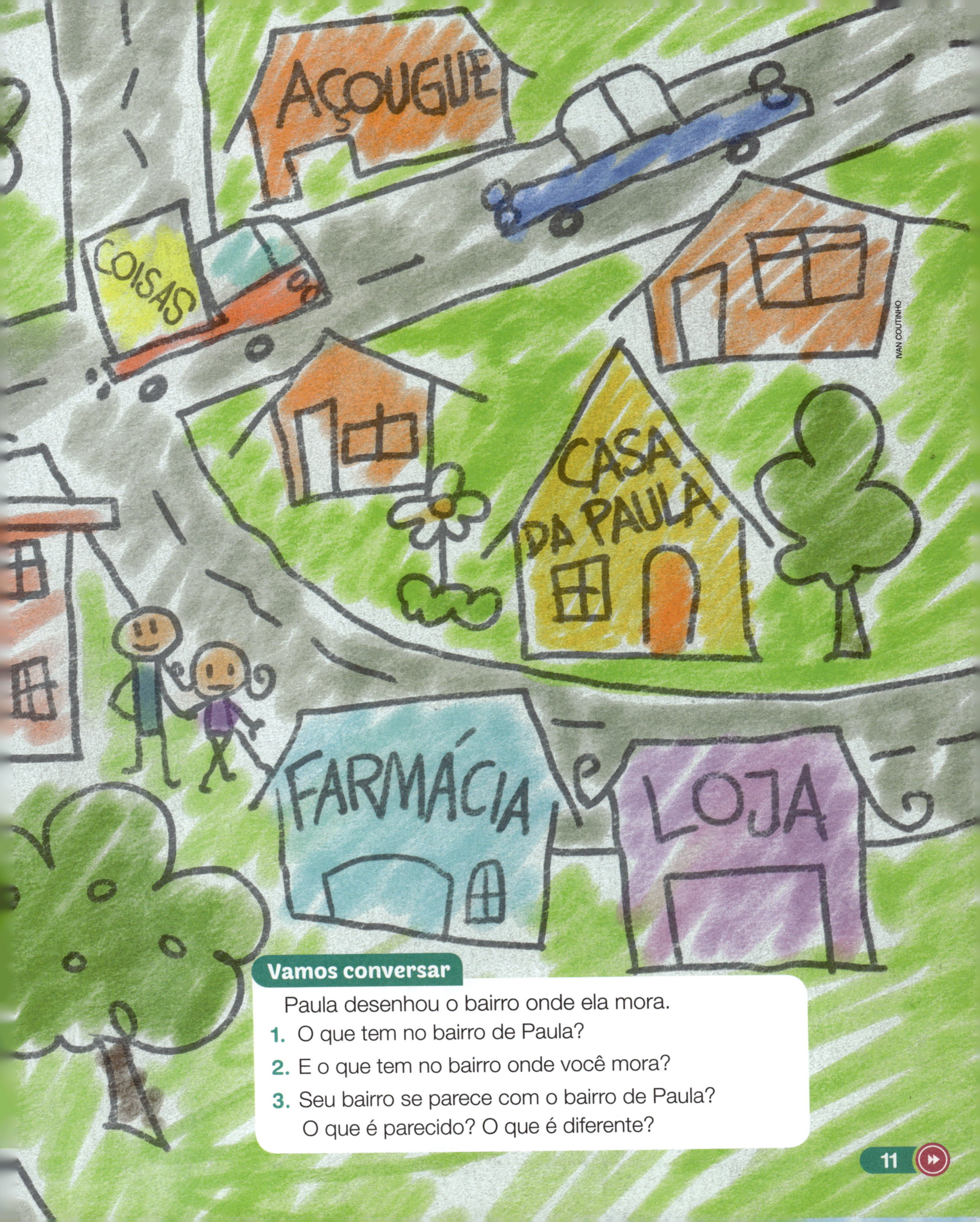

IVAN COUTINHO

Vamos conversar

Paula desenhou o bairro onde ela mora.

1. O que tem no bairro de Paula?
2. E o que tem no bairro onde você mora?
3. Seu bairro se parece com o bairro de Paula? O que é parecido? O que é diferente?

O bairro onde você mora

Como é o bairro onde você mora?

Que tal fazer um passeio pelo bairro e conhecê-lo melhor?

1 **Na companhia de um adulto de sua família, faça um passeio pelo bairro onde você mora. Durante o passeio, observe atentamente as ruas, as praças, as moradias, os prédios, as lojas. Depois, preencha a ficha com informações do seu bairro.**

1. Nome do bairro: ______________________________

2. Como são as ruas do bairro onde você mora?

- [ ] pavimentadas
- [ ] de terra
- [ ] planas
- [ ] íngremes
- [ ] tranquilas
- [ ] movimentadas

3. Há alguma praça no bairro?

- [ ] Sim
- [ ] Não

4. Pinte os elementos que existem no seu bairro.

escola	padaria	cinema
correio	farmácia	hospital
papelaria	lanchonete	biblioteca
mercado	delegacia	lojas
parque	banco	sorveteria
posto de saúde	teatro	praça

- O que não existe no seu bairro mas você gostaria que existisse? Explique aos colegas e ao professor por que você gostaria que esse elemento existisse no seu bairro.

2 Agora, faça um desenho que represente o bairro onde você mora e os elementos que existem nele.

3 Junte-se a um colega e comparem os desenhos.

a) O que há de semelhante entre os bairros que vocês representaram?

b) O que há de diferente?

4 Quais são os bairros vizinhos ao seu?

Os bairros são diferentes

Alguns bairros são parecidos, mas, com certeza, não são iguais!

Existem bairros onde há muitas ruas, casas e prédios. Também há bairros com poucas casas e muitas plantações. E há, ainda, muitos outros bairros, um diferente do outro.

Vamos conhecer alguns bairros?

JOÃO PRUDENTE/PULSAR IMAGENS

Vista do bairro Ana Rosa, no município de Cruzeiro, estado de São Paulo, 2013.

JOÃO PRUDENTE/PULSAR IMAGENS

Vista do bairro Córrego dos Tavares, no município de Alto Jequitibá, estado de Minas Gerais, 2014.

MAURICIO SIMONETTI/TYBA

Vista do bairro Juatama, no município de Quixadá, estado do Ceará, 2015.

LUCIANA WHITAKER/PULSAR IMAGENS

Vista do bairro São José, no município de Itaituba, estado do Pará, 2017.

RUBENS CHAVES/PULSAR IMAGENS

Vista do bairro de Ipanema, no município do Rio de Janeiro, estado do Rio de Janeiro, 2017.

JOÃO PRUDENTE/PULSAR IMAGENS

Vista do bairro Chácaras Campos dos Amarais, no município de Campinas, estado de São Paulo, 2016.

Você deve ter percebido que cada bairro mostrado nas fotos é diferente dos outros.

5 **Em sua opinião, por que isso acontece?**

6 **Algum dos bairros mostrados nas fotos se parece com o bairro onde você mora?**

a) O que é parecido?

____

____

____

____

b) O que é diferente?

____

____

____

____

Os bairros mudam

O bairro onde você vive não foi sempre assim, como você o conhece hoje. Os bairros vão sendo formados e transformados pelas pessoas, com o passar do tempo.

Casas são derrubadas e, no local delas, erguem-se prédios ou viadutos. Ruas e avenidas são construídas. Novas construções são feitas em áreas desocupadas. Algumas árvores são derrubadas, outras são plantadas nas ruas e nas praças.

Compare as duas fotos.

AUGUSTO MALTA/FUNDAÇÃO BIBLIOTECA NACIONAL, RIO DE JANEIRO

Vista do bairro de Ipanema, no município do Rio de Janeiro, em 1911.

EDUARDO ZAPPIA/PULSAR IMAGENS

Vista do bairro de Ipanema, no município do Rio de Janeiro, em 2014.

7 Que mudanças ocorreram nesse lugar? Em sua opinião, por que essas mudanças ocorreram?

Os bairros mudam, mas alguns elementos permanecem

Mesmo com as mudanças que ocorrem nos bairros, podemos encontrar alguns elementos que sofreram poucas alterações com o passar do tempo. Esses elementos indicam como os bairros eram antigamente.

Edifícios antigos de igrejas, casas, fábricas, pontes ou viadutos que permaneceram no bairro podem representar marcas da história desse bairro.

Veja estas fotos. Elas mostram parte de um bairro em épocas diferentes.

ARQUIVO NIREZ

Praça do Ferreira, no bairro Centro, no município de Fortaleza, estado do Ceará, em 1935.

JARBAS OLIVEIRA/FOTOARENA

Praça do Ferreira, no bairro Centro, no município de Fortaleza, estado do Ceará, em 2016.

8 O que mudou nesse lugar?

9 O que permaneceu nesse lugar?

Será que seu bairro mudou ao longo do tempo? Vamos descobrir?

10 **Entreviste um familiar ou vizinho que more há bastante tempo no seu bairro.**

ROTEIRO DE ENTREVISTA

1. Qual é o seu nome? ____________________

2. Há quanto tempo você mora aqui? ____________________

3. Como eram as ruas antigamente?

____

____

4. E hoje, como são as ruas?

____

____

5. Como eram as casas e as lojas de comércio?

____

____

6. Existe alguma construção antiga?

☐ Sim ☐ Não

7. Que construção é essa?

____

8. Ela ainda tem a mesma função da época em que foi construída?

____

9. O que mudou desde que você veio morar aqui?

____

____

 11 Utilizando as informações da entrevista, faça dois desenhos: um mostrando como você acha que era o seu bairro antigamente e outro mostrando como ele é atualmente.

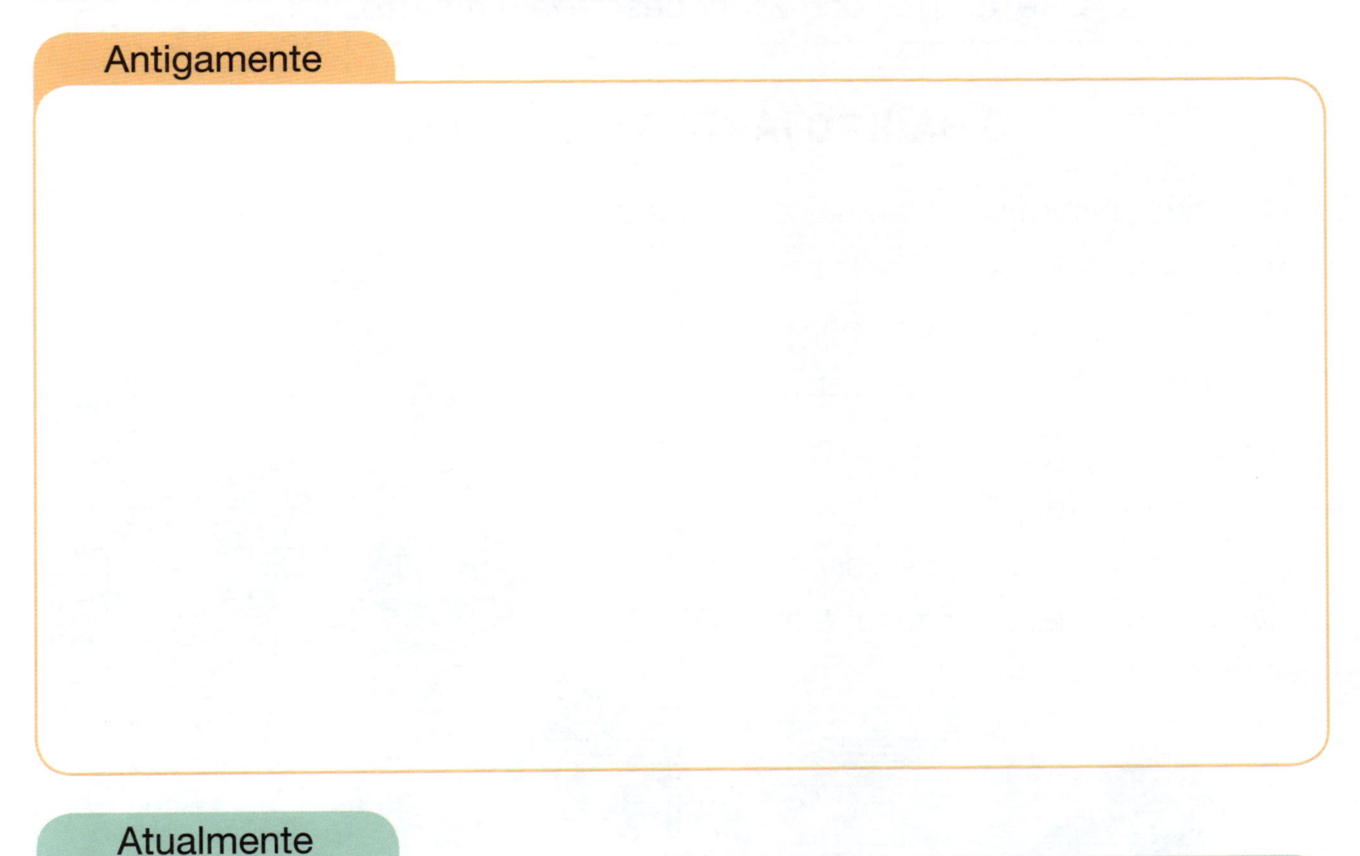

Antigamente

Atualmente

- Compare os desenhos que você fez: o que mudou no seu bairro com o passar do tempo?

O texto que você vai ler **descreve** um bairro.

O BAIRRO JARDIM DAS FLORES

O bairro Jardim das Flores fica na cidade de Santa Clara.

O bairro tem esse nome porque nele há muitas árvores que florescem na primavera.

Nesse bairro há muitas casas e poucos prédios de apartamentos.

O comércio do bairro é variado: há padaria, papelaria, sorveteria, farmácia, mercado e lojas.

FÁBIO EUGÊNIO

1 Marque o que foi informado sobre o bairro Jardim das Flores.

- [ ] Nome da cidade onde o bairro se localiza.
- [ ] Data da fundação do bairro.
- [ ] Tipo de moradia predominante no bairro.
- [ ] Tipos de comércio.

2 Sublinhe, no texto, os trechos que justificam as informações que você marcou.

3 De acordo com o texto que você leu, complete o quadro.

Nome do bairro	
Onde se localiza	
Tipos de moradia	
Tipos de comércio	

4 Complete o quadro com informações sobre o bairro onde você mora.

Nome do bairro	
Onde se localiza	
Tipos de moradia	
Tipos de comércio	

5 Com base nas informações do quadro, escreva no caderno um pequeno texto contando como é o bairro onde você mora.

- ✔ Se quiser, pesquise e acrescente outras informações sobre o bairro.
- ✔ Lembre-se de dar um título para o seu texto.

Bairro: lugar de convívio

No bairro convivemos com a família e os amigos.

No bairro realizamos diversas atividades. Nele podemos brincar na praça com os amigos ou tomar um sorvete com a família. Podemos fazer compras na padaria, no mercado ou em outras lojas.

Algumas pessoas estudam ou trabalham no mesmo bairro em que moram. Outras pessoas moram em um bairro, mas estudam ou trabalham em outro.

IVAN COUTINHO

1 Você costuma brincar com seus amigos em algum lugar do bairro?

☐ Sim ☐ Não

- Onde e do que vocês brincam?

____

____

____

2 A sua escola fica no mesmo bairro em que você mora?

☐ Sim ☐ Não

3 Os seus familiares fazem compras nas lojas do bairro? O que eles compram?

____

____

____

Observe a praça de um bairro.

4 **Quais brinquedos existem nessa praça?**

____

____

5 **Responda às questões.**

a) O escorregador está entre quais brinquedos?

____

b) Qual é o brinquedo que está ao lado do gira-gira?

____

c) Qual é o brinquedo que está mais perto do banco onde há duas pessoas sentadas?

____

6 **Há praças no bairro onde você vive? Há brinquedos nelas?**

____

Localizando os lugares

A casa onde moramos tem um endereço.

O endereço facilita a localização de casas, escolas, hospitais, lojas, fábricas e escritórios no bairro.

O nome da rua, o número da casa, o nome do bairro, da cidade, do estado e do país, além do Código de Endereçamento Postal, compõem o **endereço**.

Para que correspondências e encomendas cheguem ao seu destino, é necessário que o endereço esteja completo e correto.

CLAUDIA SOUZA

7 Você sabe qual é o endereço completo da sua casa? Escreva-o no quadro.

Meu endereço:

____

____

____

____

Enviando cartas

Para enviar uma carta pelo correio, são necessárias algumas informações do destinatário e do remetente no envelope.

IVAN COUTINHO

O **destinatário** é a pessoa que recebe a carta. O nome e o endereço do destinatário devem ser escritos na frente do envelope, o mesmo lado que recebe o selo.

O **remetente** é a pessoa que remete ou envia a carta. O nome e o endereço do remetente devem ser escritos no verso do envelope.

8 **Observe a frente e o verso do envelope de uma carta.**

Frente do envelope.

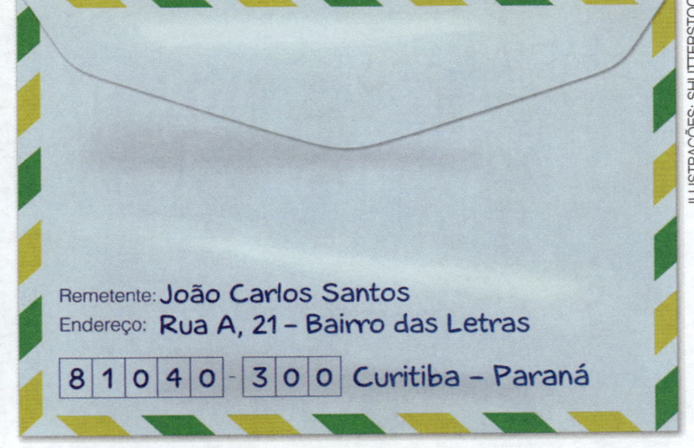

Verso do envelope.

ILUSTRAÇÕES: SHUTTERSTOCK

a) Quem vai receber a carta?

____

b) Quem vai enviar a carta?

____

c) O destinatário e o remetente da carta moram no mesmo bairro? Como você descobriu isso?

____

____

____

Pontos de referência ajudam a localizar os lugares

IVAN COUTINHO

Quando precisamos explicar a alguém como chegar à nossa casa, além de fornecer o endereço, podemos indicar alguns pontos de referência.

Vários elementos existentes nos arredores de nossa casa podem servir como pontos de referência: um rio, uma ponte, uma plantação, uma loja ou outra construção.

Para ajudar a localizar a casa de Cláudia, ela indica a padaria e a praça.

IVAN COUTINHO

9 **Observe novamente o desenho acima.**

a) Circule, no desenho, a casa de Cláudia.

b) O que há entre a sorveteria e o banco?

10 Que pontos de referência você indicaria para ajudar um colega a localizar a sua casa?

11 Desenhe os arredores de sua casa mostrando esses pontos de referência.

Gente que vem, gente que vai

Nem todas as pessoas vivem no lugar onde nasceram. Elas se mudam para outros lugares, geralmente em busca de melhores condições de vida.

As pessoas que migram, isto é, saem do lugar onde nasceram para viver em outro, são chamadas de **migrantes**.

12 **Há migrantes na sua família? Quem? De onde migraram?**

As pessoas que migram levam consigo sua cultura: seu modo de vestir e de falar, seu jeito de se alimentar, suas músicas, suas crenças e suas tradições.

Por isso, é comum encontrarmos alguns aspectos culturais dos migrantes nos bairros onde eles se estabelecem.

No bairro da Liberdade, na cidade de São Paulo, há muitas pessoas que migraram de um país chamado Japão.

Nesse bairro, percebemos a influência dos migrantes japoneses na decoração das ruas e no comércio. No bairro há muitas lojas que vendem produtos típicos e restaurantes que servem comida japonesa.

VITOR MARIGO/OPÇÃO BRASIL IMAGENS

Rua no bairro da Liberdade, no município de São Paulo, estado de São Paulo, 2016.

A presença de migrantes também pode ser observada nas festas e feiras culturais que acontecem nos bairros.

Essas festas e feiras culturais celebram costumes e tradições dos migrantes. As comidas típicas, as danças, as músicas e os produtos artesanais reúnem a comunidade e integram as pessoas do lugar.

RENATO LUIZ FERREIRA/FOLHAPRESS

Feira cultural nordestina no município do Rio de Janeiro, estado do Rio de Janeiro, em 2013.

ALF RIBEIRO

Feira de produtos e comidas típicos da Bolívia, na Praça Kantuta, no município de São Paulo, estado de São Paulo, em 2017.

13 Você já foi a festas ou feiras de migrantes? Conte para os colegas e o professor como eram as comidas, as danças e as músicas.

Uma festa de respeito

Você estudou que nas festas das comunidades migrantes encontramos pratos típicos, artesanato, danças e músicas que resgatam um pouco da história e da cultura dessas comunidades.

Mas o mais importante dessas festas é que elas promovem a integração cultural entre pessoas de diversas origens, que têm costumes diferentes. Isso mostra que existe respeito entre elas: uma respeita o modo de vida e a cultura da outra.

Esse respeito é fundamental para a vida em sociedade. Afinal, todos juntos construímos a história do lugar onde vivemos.

JÚNIOR CAMARGO/PMSCS

Festa italiana no município de São Caetano do Sul, estado de São Paulo, em 2017.

1 **No bairro onde você vive:**

a) há pessoas que vieram de outro país? De que país elas vieram? O que você sabe sobre elas?

b) há pessoas que vieram de outros lugares do Brasil? De onde elas vieram? Elas têm costumes diferentes dos seus?

2 **Em sua opinião, é importante respeitar o modo de vida e a cultura das outras pessoas? Converse com seus colegas e o professor sobre o assunto.**

Organize seus pensamentos para se expressar com clareza. Assim, todos entenderão sua opinião!

Vamos fazer

Que tal descobrir um pouco da história dos migrantes que vivem no seu bairro? Siga as etapas.

Etapas

IVAN COUTINHO

1. Acompanhado de um familiar, converse com um migrante que vive no mesmo bairro que você. Pergunte:
   - ✓ de onde e quando ele migrou;
   - ✓ os motivos que o fizeram migrar;
   - ✓ se ele deseja retornar para o lugar onde nasceu e por quê.

   Anote as informações para não esquecer.
2. Pesquise em livros e na internet outras informações sobre a migração no seu bairro.

3. Com base nessas informações, escreva um texto no caderno contando a história das migrações no seu bairro.

4. Depois, na sala de aula, conte o que você descobriu aos colegas e ao professor.

Capítulo 3 Representando os lugares

Podemos representar os lugares de diversas maneiras. Veja como estes lugares foram representados.

CRISTIANO SIDOTI – GALERIA JACQUES ARDIES

Volta para casa, de Cristiano Sidoti, óleo sobre tela, 2017.

IVAN COUTINHO

Representação de Rafael, do lugar onde ele vive.

JOÃO PRUDENTE/PULSAR IMAGENS

Bairro Ponte Nova, no município de Itapira, estado de São Paulo, 2013.

GOOGLE MAPS

Parte do município do Recife, estado de Pernambuco, 2017.

1 De que maneira cada lugar foi representado?

2 Agora é a sua vez! Represente o lugar onde você vive da maneira que quiser. Se desejar, use fotografias ou recortes!

 a) De que maneira você representou o lugar onde vive?

 b) A casa onde você mora apareceu nessa representação?

 c) Que outras maneiras de representar um lugar você conhece?

Representando um lugar com a maquete

Maquete é a representação de um lugar em miniatura.

Representando o bairro com a maquete, por exemplo, podemos visualizá-lo em tamanho reduzido. Também podemos observar como as casas, as lojas e os demais elementos estão organizados no bairro.

 **3** **Reúna-se com alguns colegas que moram no mesmo bairro que você e construam a maquete do bairro. Providenciem o material necessário, sigam as etapas e bom trabalho!**

Material necessário

- ✓ Papelão para a base da maquete
- ✓ Caixinhas de vários tamanhos
- ✓ Tesoura com pontas arredondadas
- ✓ Lápis de cor
- ✓ Canetinhas coloridas
- ✓ Canudinhos de plástico
- ✓ Palitos de madeira
- ✓ Papéis coloridos
- ✓ Cola

Etapas

1. Conversem com os colegas sobre quais elementos do bairro serão representados na maquete: casas, prédios, lojas, árvores, sinalização das ruas. Listem esses elementos no caderno.
2. Encapem com papel o papelão que servirá de base da maquete. Desenhem, na base, as ruas, praças e os quarteirões.
3. Com as caixinhas de vários tamanhos, construam as miniaturas dos elementos que serão representados. Usem os palitos de madeira e os canudinhos de plástico para fazer árvores, placas de trânsito e semáforos.
4. Organizem e colem as miniaturas na base da maquete, de acordo com a localização dos elementos no bairro.

IVAN COUTINHO

5. Quando a maquete estiver pronta, apresentem-na para os colegas e o professor.

4 **Compare a maquete que vocês fizeram com a maquete de outro grupo.**

- Que semelhanças há entre os lugares representados nas maquetes? E diferenças?

Representando o bairro de diferentes pontos de vista

Ponto de vista refere-se à posição do observador em relação ao objeto ou lugar observado. É possível observar objetos e lugares de pontos de vista diferentes.

Observe o desenho abaixo. Ele representa um bairro visto de cima e de lado.

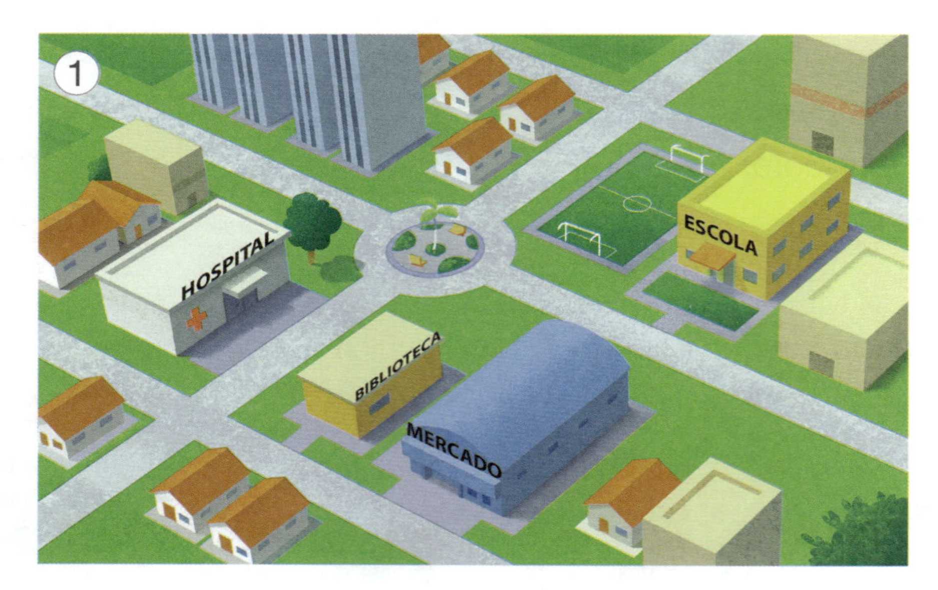

Visão de cima e de lado.

ILUSTRAÇÕES: RLIMA

5 Circule o hospital e a escola no desenho acima.

Neste outro desenho, o bairro foi representado visto de cima.

Visão de cima.

6 Circule o hospital e a escola no desenho acima.

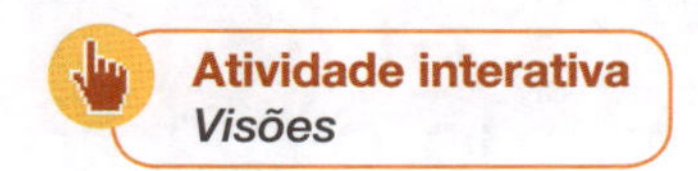

7 Observe os desenhos e responda.

1

2

ILUSTRAÇÕES: RLIMA

a) Qual desenho representa o prédio visto de cima e de lado?

☐ Desenho 1. ☐ Desenho 2.

b) Qual desenho representa o prédio visto de cima?

☐ Desenho 1. ☐ Desenho 2.

8 Os desenhos a seguir representam uma mesma casa.

1

2

ILUSTRAÇÕES: RLIMA

a) Qual desenho representa a casa vista de cima e de lado?

☐ Desenho 1. ☐ Desenho 2.

b) Qual desenho representa a casa vista de cima?

☐ Desenho 1. ☐ Desenho 2.

O que você aprendeu

1 Observe estes dois bairros.

SERGIO RANALLI/PULSAR IMAGENS

Bairro no município de Londrina, estado do Paraná, em 2016.

RUBENS CHAVES /PULSAR IMAGENS

Bairro no município de Guarulhos, estado de São Paulo, em 2017.

a) Que diferenças você observou entre esses bairros?

b) Por que existem essas diferenças?

c) Algum desses bairros se parece com o bairro onde você mora?

2 O bairro onde você mora fica na cidade ou no campo?

3 Do que você mais gosta no seu bairro? E do que você menos gosta?

4 Compare as fotos e responda às questões.

REPRODUÇÃO - ARQUIVO PÚBLICO DO ESTADO DE SÃO PAULO

1 Vista da Rua Florêncio de Abreu, no município de São Paulo, estado de São Paulo, em 1914.

JALES VALQUER/FOTOARENA

2 Vista da Rua Florêncio de Abreu, no município de São Paulo, estado de São Paulo, em 2014.

a) Quanto tempo se passou entre a data da foto 1 e a data da foto 2?

____

b) Quais mudanças ocorreram nesse lugar?

____

____

____

____

____

c) Mesmo com as mudanças que ocorreram, há elementos que permaneceram? Quais?

____

____

d) Em sua opinião, por que alguns elementos sofreram alterações e outros não? Converse sobre isso com os colegas e o professor.

5 Gabriel mora na casa azul, em frente à praça. Circule a casa dele no desenho.

a) Que outros dois pontos de referência podemos indicar para localizar a casa de Gabriel?

b) No desenho, trace um caminho que Gabriel pode fazer até a escola. Depois, descreva esse caminho.

c) O que há em frente à sua casa? E ao lado dela?

6 **Leia e depois responda às questões.**

Tiago precisa ir até a casa de André para fazer um trabalho escolar.

Para chegar à casa do colega, Tiago tem o endereço e um desenho que mostra o caminho.

MARCIO GUERRA

a) Qual é o endereço de André?

____

b) Tiago traçou no desenho (em vermelho) o caminho que escolheu para chegar até a casa do amigo. Por quais ruas ele vai passar?

____

____

c) Que pontos de referência Tiago encontrará no caminho que escolheu?

____

d) Você escolheria o mesmo caminho? Que outro caminho seria possível?

Ao escolher **caminhos diferentes** do que está acostumado, você pode descobrir coisas interessantes.

7 **Observe os desenhos abaixo.**

- Os desenhos 2 e 4 representam os mesmos objetos. Que diferença há entre eles?

8 **Escolha um objeto do seu material escolar. Coloque esse objeto sobre sua carteira.**

a) Observe o objeto de cima e de lado (como no desenho 1). Desenhe, no quadro ao lado, como você vê esse objeto.

b) Agora, observe o objeto de cima para baixo (como no desenho 3). Desenhe, no quadro ao lado, como você vê esse objeto.

9 Observe estas imagens.

DELFIM MARTINS/PULSAR IMAGENS

Parte do bairro Noivos, no município de Teresina, estado do Piauí, em 2015.

© 2017 DIGITAL GLOBE/GOOGLE EARTH PRO 2017

Parte do bairro Noivos, no município de Teresina, estado do Piauí, em 2017.

a) Essas imagens representam o mesmo lugar? Como você sabe?

____

____

____

b) A imagem 1 representa o lugar visto:

☐ de cima e de lado. ☐ de cima.

c) A imagem 2 representa o lugar visto:

☐ de cima e de lado. ☐ de cima.

d) Na imagem 2, o que há na área identificada com a letra A?

____

UNIDADE 2 O dia a dia no lugar onde você vive

Vamos conversar

1. Quais profissionais você identifica na imagem?
2. Você já viu profissionais como esses no lugar onde você vive?
3. Quais meios de transporte aparecem na imagem?

O que você faz ao longo do dia?

Ao longo do dia fazemos muitas atividades. Algumas atividades, como escovar os dentes, devemos fazer todos os dias. Outras atividades, como ir ao médico, fazemos de vez em quando.

1 **Faça um X nas atividades que você faz todos os dias.**

Visitar uma exposição.

Almoçar.

ILUSTRAÇÕES: IVAN COUTINHO

Ler um livro.

Ir à escola.

Ir ao dentista.

Brincar com os amigos.

 **2** **Que outras atividades você faz todos os dias? Conte para os colegas.**

Os períodos do dia

Um dia pode ser dividido em três períodos: **manhã, tarde** e **noite**. Em cada um desses períodos, muitas atividades acontecem.

Durante a manhã e a tarde, a maioria das pessoas trabalha e realiza suas atividades do dia a dia. Durante a noite, a maioria das pessoas descansa.

Há atividades que são realizadas durante todos os períodos do dia. Por isso, algumas pessoas trabalham à noite, por exemplo, médicos, enfermeiros, policiais, bombeiros e porteiros.

3 **Em que período do dia seus familiares costumam trabalhar? Em que eles trabalham?**

4 **Observe as duas cenas e responda.**

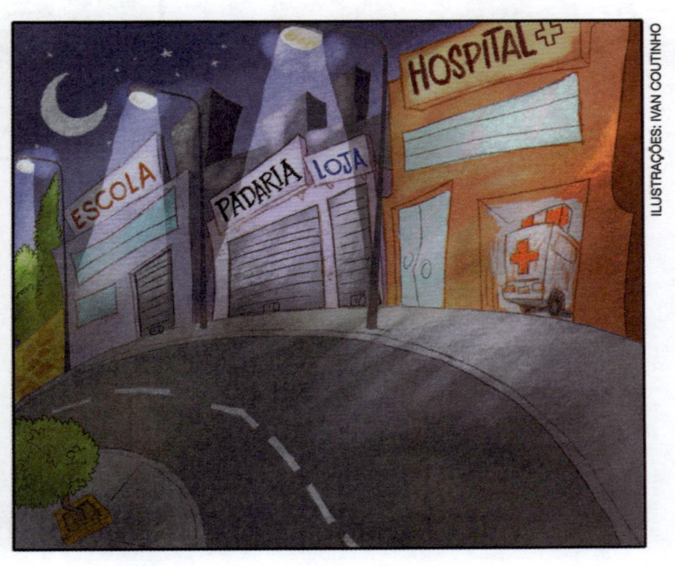

ILUSTRAÇÕES: IVAN COUTINHO

a) Que estabelecimentos estão abertos na cena que representa o dia?

____

____

b) E na cena que representa a noite? Por que esse estabelecimento permanece aberto em todos os períodos do dia?

c) Você conhece outros estabelecimentos que permanecem abertos durante todos os períodos do dia? Se sim, quais?

Durante a manhã e a tarde, as crianças vão à escola e realizam suas atividades do dia a dia. Quando a noite chega, é sinal de que o dia está acabando. Durante a noite, as crianças devem descansar e dormir.

Veja as atividades que Mariana faz ao longo do dia.

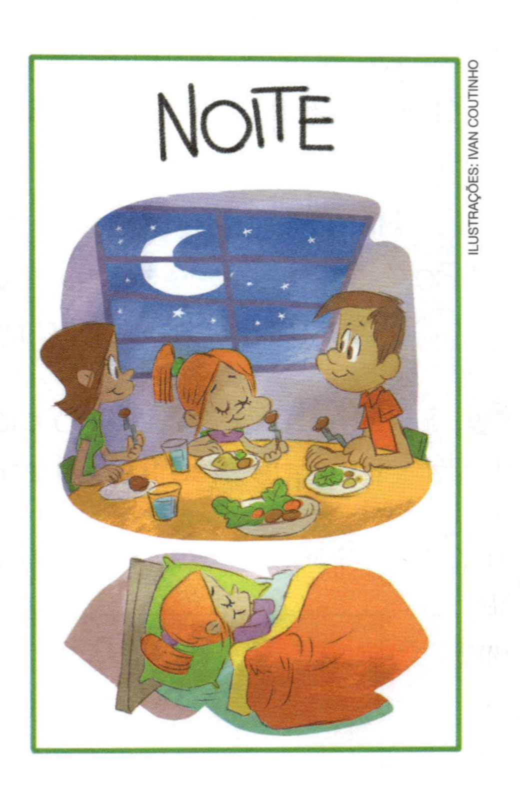

ILUSTRAÇÕES: IVAN COUTINHO

5 **Marque o período do dia em que Mariana realiza estas atividades.**

a) Mariana brinca com outras crianças.

☐ manhã ☐ tarde ☐ noite

Animação
As atividades do dia a dia

b) Mariana vai à escola.

☐ manhã ☐ tarde ☐ noite

c) Mariana janta com sua família.

☐ manhã ☐ tarde ☐ noite

d) Mariana faz o dever de casa.

☐ manhã ☐ tarde ☐ noite

e) Mariana dorme.

☐ manhã ☐ tarde ☐ noite

6 O que você costuma fazer de manhã, à tarde e à noite?

a) Desenhe nos quadros a seguir uma atividade que você realiza em cada período do dia.

ILUSTRAÇÕES: IVAN COUTINHO

b) Reúna-se com um colega e troquem de livro. Vocês desenharam as mesmas atividades?

O texto a seguir apresenta uma **sequência de acontecimentos** ao longo do dia de uma criança.

Um dia na vida de Mário

Mário acordou cedo e tomou café da manhã.

De manhã, ele arrumou o quarto com sua mãe e fez a lição de casa.

À tarde, ele almoçou e foi para a escola. No recreio, ele jogou bola com seus colegas. Ao voltar da escola, Mário foi com seu cachorro à casa de seus primos para brincar.

À noite, Mário voltou para casa, tomou banho e jantou com sua família. Mais tarde, ele escovou os dentes e leu uma história antes de dormir.

ILUSTRAÇÕES: IVAN COUTINHO

1 Quais expressões do texto indicam os períodos do dia?

____

____

2 Em quais lugares Mário esteve ao longo do dia?

____

____

3 Ordene as atividades que Mário realizou ao longo do dia.

- ☐ Leu uma história.
- ☐ Foi para a escola.
- ☐ Brincou com os primos.
- ☐ Fez a lição de casa.

4 Preencha o esquema a seguir completando as frases com atividades que Mário realizou durante o dia.

De manhã	Ajudou sua mãe a arrumar o __________. Fez a __________.
À tarde	Foi para a __________. Brincou com seus __________.
À noite	Tomou __________. Escovou os __________. Leu uma __________.

5 Agora é a sua vez! Escreva um texto que apresente uma sequência de atividades que você realiza ao longo de um dia.

- Você pode organizar seu texto em três partes. Escreva o que faz **de manhã**, **à tarde** e **à noite**.

As pessoas trabalham

Você já pensou de onde vêm todas as coisas que você e sua família utilizam ou consomem no dia a dia?

A produção de alimentos, roupas, panelas, carros, geladeiras, aviões, lápis, canetas, cadernos, computadores, entre outros produtos, envolve o trabalho de vários profissionais.

No campo, há profissionais que trabalham no cultivo das plantações e na criação de animais. Outros profissionais trabalham na pesca e na extração de recursos naturais.

Recursos naturais: tudo o que está na natureza e pode servir para atender às necessidades das pessoas.

ILUSTRAÇÕES: IVAN COUTINHO

CESAR DINIZ/PULSAR IMAGENS

Agricultora trabalhando em plantação, no município de Ibiúna, estado de São Paulo, em 2017.

ZIG KOCH/PULSAR IMAGENS

Trabalhador coletando castanha-do-brasil, no município de Laranjal do Jari, estado do Amapá, em 2017.

1 Você costuma ver profissionais como os mostrados nas fotos no lugar onde vive? Converse com seus colegas e com seu professor sobre o trabalho desses profissionais.

Na cidade, há profissionais que trabalham nas fábricas, produzindo mercadorias. Já nas lojas, há profissionais que vendem as mercadorias aos clientes.

Há também, na cidade, muitos profissionais que trabalham na prestação de serviços: coletores de lixo, motoristas, bombeiros, porteiros, faxineiros, policiais, professores, médicos, advogados, cabeleireiros, carteiros, eletricistas, dentistas, entre outros.

JOÃO PRUDENTE/PULSAR IMAGENS

Costureiros em fábrica de roupas, no município de Amparo, estado de São Paulo, em 2015.

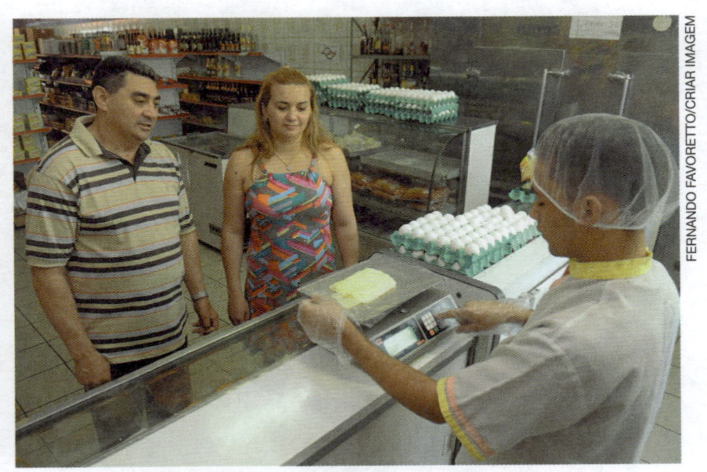
FERNANDO FAVORETTO/CRIAR IMAGEM

Balconista atendendo clientes em mercado, no município de São Paulo, estado de São Paulo, em 2017.

JUCA MARTINS/OLHAR IMAGEM

Motorista de ônibus, no município de São Paulo, estado de São Paulo, em 2017.

COELHO/FRAMEPHOTO/FOLHAPRESS

Bombeiros combatendo incêndio, no município do Rio de Janeiro, estado do Rio de Janeiro, em 2015.

2 No lugar onde você mora há fábricas? E lojas?

3 Quais prestadores de serviços você já viu no lugar onde mora?

- Qual é a importância do trabalho desses profissionais?

Na escola, você convive com diversos profissionais. Por exemplo, o porteiro, o faxineiro, a secretária, a diretora, a merendeira e os professores.

4 **Que outros profissionais trabalham na sua escola?**

No desenho abaixo, o professor Guilherme está representado de costas.

5 **Circule de vermelho a mão direita do professor Guilherme.**

6 **Circule de verde a mão esquerda do professor Guilherme.**

ILUSTRAÇÕES: IVAN COUTINHO

Agora, veja a representação do professor de frente.

7 **Circule de vermelho a mão direita do professor Guilherme.**

8 **Circule de verde a mão esquerda do professor Guilherme.**

9 **Que diferenças você observa entre os dois desenhos?**

Você deve ter percebido que a posição da mão direita e a posição da mão esquerda do professor mudam dependendo se ele está de costas ou de frente.

10 O professor Guilherme está dando aula. Observe o desenho e responda.

IVAN COUTINHO

a) A lousa está em frente ou atrás do professor?

Jogo *Chute ao gol*

- [ ] Em frente.
- [ ] Atrás.

b) Com que mão o professor segura o livro?

- [ ] Mão direita.
- [ ] Mão esquerda.

c) A mesa do professor está à direita ou à esquerda de Guilherme?

- [ ] À direita.
- [ ] À esquerda.

d) A porta está à direita ou à esquerda do professor?

- [ ] À direita.
- [ ] À esquerda.

e) O caderno está em cima ou embaixo da mesa do professor?

- [ ] Em cima.
- [ ] Embaixo.

11 De frente para o professor, forme uma fila com seus colegas. Um colega deve ficar atrás do outro.

a) Quem está à sua frente? ______

b) E atrás de você? ______

12 Agora, fiquem de costas para o professor, mantendo a fila.

a) Quem está à sua frente? ______

b) E atrás de você? ______

c) Que diferenças você notou ao mudar de posição?

______

______

13 Organizem-se de modo que você e seus colegas fiquem lado a lado e de frente para o professor.

a) Quem está do seu lado direito? ______

b) E do seu lado esquerdo? ______

ILUSTRAÇÕES: ALEXANDRE DUBIELA

14 Agora, virem de costas para o professor.

a) Quem está do seu lado direito? ______

b) E do seu lado esquerdo? ______

c) Que diferenças você notou ao trocar de posição?

______

______

Criança e trabalho não combinam

No mundo todo, há crianças que trabalham em vez de brincar e ir à escola. Embora o trabalho infantil seja proibido no Brasil, há muitas crianças que trabalham para ajudar o sustento da família.

Muitos trabalhos são perigosos e trazem riscos à saúde e ao bem-estar das crianças. Essa situação não respeita o direito que as crianças têm de ir à escola e de brincar.

15 Por que muitas crianças trabalham?

____

____

16 Observe a foto e responda às questões.

MARCOS ANDRÉ/OPÇÃO BRASIL IMAGENS

Lixão no município de Paulo Afonso, estado da Bahia, em 2015.

a) Que trabalho as crianças estão realizando?

b) Como são as condições de trabalho dessas crianças? Explique.

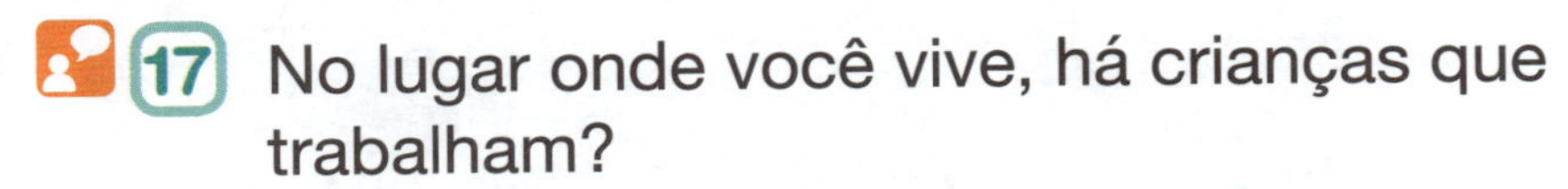

17 No lugar onde você vive, há crianças que trabalham?

18 Toda criança tem direito de ir à escola e de brincar. Em sua opinião, é importante estudar e brincar? Converse com seus colegas e com seu professor sobre isso.

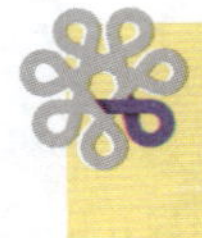

Ouça com atenção e respeito a opinião de seus colegas, mesmo que ela seja diferente da sua.

CAPÍTULO 3

O vai e vem no lugar onde você vive

As pessoas se deslocam todos os dias.

Quando a distância é curta, as pessoas geralmente se deslocam a pé. Nos trajetos mais longos, elas podem utilizar vários meios de transporte.

Os meios de transporte levam pessoas e mercadorias de um lugar a outro. Eles podem ser terrestres, aquáticos ou aéreos.

IVAN COUTINHO

Os **meios de transporte terrestres** são aqueles que circulam por ruas, estradas e ferrovias. Ônibus, motos, automóveis, caminhões, trens, metrôs e bicicletas são exemplos de meios de transporte terrestres.

1 **Quais meios de transporte terrestres você observa na foto ao lado?**

____

____

____

- Qual desses meios de transporte é geralmente usado para transportar mercadorias? E quais deles são geralmente usados para transportar pessoas?

JOÃO PRUDENTE/PULSAR IMAGENS

Veículos trafegam em avenida da cidade de Brasília, no Distrito Federal, em 2015.

Os **meios de transporte aquáticos** são aqueles que circulam por rios, lagos, mares e oceanos, como os navios, as canoas e os barcos.

CESAR DINIZ/PULSAR IMAGENS

Embarcação de passageiros no rio São Francisco, no município de Juazeiro, estado da Bahia, em 2016.

Os **meios de transporte aéreos** são aqueles que circulam pelo ar, como os aviões e os helicópteros.

ISMAR INGBER/PULSAR IMAGENS

Avião pousando em aeroporto do município do Rio de Janeiro, estado do Rio de Janeiro, em 2014.

2 Quais meios de transporte circulam pelo lugar onde você vive?

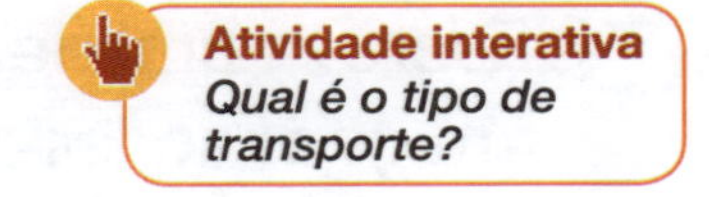
Atividade interativa
Qual é o tipo de transporte?

____

____

3 Quais são as diferenças entre os meios de transporte terrestres, aquáticos e aéreos? Explique.

4 Como você vai para a escola? Você usa algum meio de transporte? Qual?

____

____

Veículos terrestres poluem o ar

RENATO VENTURA

O grande número de veículos que circulam nas ruas e avenidas das cidades causa a poluição do ar.

A fumaça que sai do escapamento dos veículos contém substâncias que poluem o ar e são nocivas à saúde dos seres vivos.

A grande quantidade de substâncias poluentes no ar pode causar dificuldade para respirar, tosse e irritação nos olhos, por exemplo.

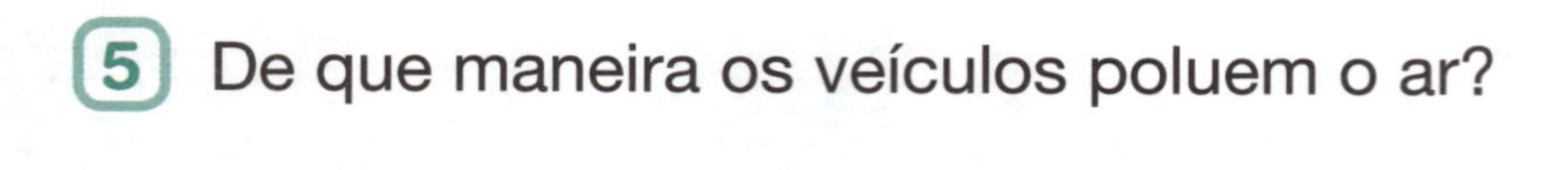

5 De que maneira os veículos poluem o ar?

6 O que a poluição do ar pode causar às pessoas?

7 Escreva uma legenda para a imagem ao lado usando o que você estudou sobre a poluição do ar.

CESAR DINIZ/PULSAR IMAGENS

8 Em sua opinião, o ar do lugar onde você vive é poluído? Explique.

Menos poluição e mais saúde: vá de bicicleta!

Você sabia que a bicicleta é um meio de transporte que não polui o ar? A bicicleta não emite substâncias poluentes que prejudicam a qualidade do ar que respiramos.

O uso da bicicleta também beneficia a saúde, pois é uma atividade que exercita o corpo.

Além de ser um meio de transporte, a bicicleta pode ser utilizada para a prática de esportes e de atividades de lazer.

Nas cidades, usar a bicicleta contribui para reduzir o número de carros nas ruas, diminuindo os congestionamentos.

Ao usar a bicicleta, precisamos de equipamentos de segurança, como capacete e buzina. À noite, devemos usar luzes de alerta e colete com faixas que refletem a luz.

Também precisamos ter algumas atitudes que contribuem para a boa convivência no trânsito, como não circular pelas calçadas e dar preferência aos pedestres.

IVAN COUTINHO

9 Por que a bicicleta não prejudica a qualidade do ar?

 **10** Quais são os cuidados que devemos ter ao utilizar a bicicleta?

O trânsito

Trânsito é o movimento de pessoas e de veículos nas ruas, avenidas e rodovias.

No trânsito podemos ser pedestres, condutores ou passageiros.

O **pedestre** é quem circula a pé. O **condutor** é quem conduz um veículo. O **passageiro** é quem está sendo transportado em um veículo.

DELFIM MARTINS/PULSAR IMAGENS

Trânsito de veículos e pedestres em ruas do município de São Paulo, estado de São Paulo, em 2014.

11 **Complete os espaços com as palavras adequadas.**

condutor | pedestre | passageiro

a) O ______________ é aquele que conduz um veículo.

b) Aquele que circula a pé é o ______________.

c) O ______________ é aquele que é transportado em um veículo.

12 Circule cada pessoa conforme a legenda.

Pedestre — Passageiro — Condutor

ALAN CARVALHO

- Quantos pedestres aparecem na imagem? E passageiros?

____

____

13 Quando está no trânsito, na maior parte das vezes, você é pedestre ou passageiro?

____

- Em sua opinião, que cuidados condutores, passageiros e pedestres devem ter no trânsito?

A organização do trânsito

As leis e a sinalização de trânsito organizam a circulação de veículos e de pedestres nas ruas.

As leis e a sinalização de trânsito devem ser respeitadas por condutores, passageiros e pedestres, pois contribuem para a segurança de todos.

As leis de trânsito

As leis de trânsito são regras que estabelecem o que é permitido e o que não é permitido fazer no trânsito.

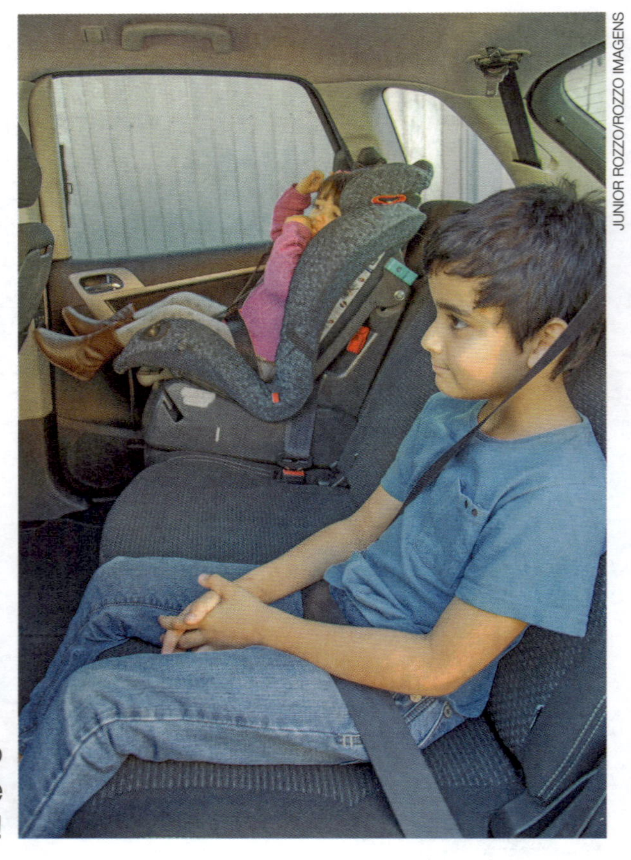

JUNIOR ROZZO/ROZZO IMAGENS

As crianças devem ser transportadas no banco traseiro, em assentos adequados à idade e com cinto de segurança. É lei!

FERNANDO FAVORETTO

Você sabia que é lei todos os ocupantes do veículo utilizarem o cinto de segurança?

14 Quando anda de carro, você utiliza o cinto de segurança? Por quê?

15 Por que é importante respeitar as leis de trânsito?

____

____

A sinalização de trânsito

Placas, semáforos e faixas de pedestres são exemplos de sinalização de trânsito.

As **placas de trânsito** orientam condutores e pedestres. Veja alguns exemplos.

REPRODUÇÃO

Área escolar

Semáforo à frente

Faixa de pedestres

Tráfego de bicicletas

Velocidade máxima permitida

Proibido estacionar

  **16** Existem placas como as mostradas acima nos arredores de sua casa? E nos arredores de sua escola?

  **17** Desenhe uma placa que você observa no caminho de sua casa até a escola. Ao lado, escreva o que ela significa.

O **semáforo** ajuda a organizar o trânsito de veículos e de pedestres.

As luzes coloridas dos semáforos indicam a ação que motoristas e pedestres devem realizar. Veja o que condutores e pedestres devem fazer de acordo com as indicações do semáforo.

Você sabia que alguns semáforos de pedestres são adaptados para pessoas com deficiência visual? Esses semáforos emitem sons que indicam quando a travessia é segura!

ALAN CARVALHO

Os veículos param e os pedestres atravessam a rua.

Os veículos passam e os pedestres aguardam.

Os veículos começam a parar e os pedestres continuam aguardando.

FOTOS: JACEK/KINO.COM.BR

18 Francisco está atravessando a rua. Pinte da cor adequada a parte do semáforo que indica que ele pode passar.

IVAN COUTINHO

A **faixa de pedestres** é pintada nas ruas em locais seguros para a travessia.

Os pedestres sempre devem utilizar as faixas para atravessar as ruas com segurança.

Os condutores de veículos devem esperar parados até o pedestre terminar a travessia e não podem parar ou estacionar sobre a faixa.

As calçadas devem ter rampas junto à faixa de pedestres para permitir a travessia de pessoas que usam cadeiras de rodas. As rampas também facilitam a travessia de idosos e pessoas com dificuldades de locomoção.

Pessoas utilizando a faixa de pedestres em rua do município do Recife, no estado de Pernambuco, em 2015.

Pessoa utilizando rampa para cadeira de rodas em calçada do município de Belo Horizonte, no estado de Minas Gerais, em 2014.

 **Você costuma atravessar a rua na faixa de pedestres? Por quê?**

  **No bairro onde você vive há calçadas com rampas? Você acha isso importante? Converse sobre o assunto com os colegas e com o professor.**

Boas atitudes, trânsito mais seguro

No Brasil, todos os anos, o número de pessoas que sofrem e causam acidentes no trânsito é muito grande. Isso ocorre porque pedestres, condutores e passageiros desobedecem às leis e à sinalização de trânsito.

Veja algumas atitudes que devemos adotar para garantir a segurança no trânsito.

Observar o semáforo para pedestres e sempre atravessar na faixa de pedestres.

Antes de atravessar, o pedestre deve olhar para os dois lados da rua e verificar se não há veículos se aproximando.

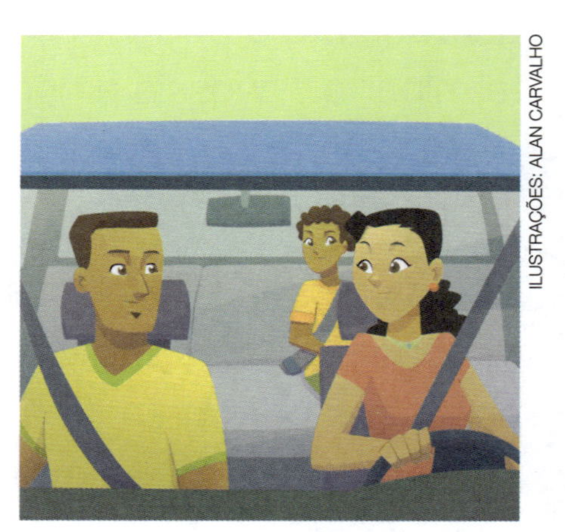

Todos os ocupantes do veículo devem usar o cinto de segurança e não colocar os braços ou a cabeça para fora do veículo.

ILUSTRAÇÕES: ALAN CARVALHO

As crianças devem ser transportadas no banco traseiro, em cadeiras adequadas à idade e usando o cinto de segurança.

O pedestre deve andar sempre na calçada. Quando houver passarelas, ele deve usá-las para atravessar a via com segurança.

Enquanto dirige, o condutor não deve carregar nada no colo nem usar o telefone celular.

1 Por que muitas pessoas sofrem ou causam acidentes no trânsito?

____

____

____

2 Marque as atitudes que colaboram para manter a segurança no trânsito.

- [ ] Olhar só para um lado da rua antes de atravessá-la.
- [ ] Atravessar a rua na faixa de pedestres.
- [ ] Usar sempre cinto de segurança.
- [ ] Respeitar o limite de velocidade.

- Reescreva no caderno a frase que você não assinalou de modo que indique uma ação correta no trânsito.

3 Observe o cartaz ao lado.

a) Qual é a ideia central desse cartaz?

b) Você já viu cartazes como esse? Onde?

ALAN CARVALHO

Vamos fazer

4 Que tal elaborar um cartaz sobre a segurança no trânsito? Junte-se a um colega e sigam as etapas.

É hora de **aplicar o que vocês aprenderam** sobre as boas atitudes para um trânsito mais seguro. Usem a **criatividade** para elaborar o cartaz e chamar a atenção dos leitores!

Etapas

1. Em uma cartolina, escrevam algumas atitudes que os pedestres devem ter no trânsito.
2. Façam desenhos que representem essas atitudes.
3. Deem um título para o cartaz.
4. Apresentem o trabalho para a classe e espalhem os cartazes pela escola com a ajuda do professor.

O que você aprendeu

1 Marcela está no quarto. Compare as cenas a seguir e responda.

ILUSTRAÇÕES: MAURO SOUZA

a) Em qual cena é dia?

____

b) Em qual cena é noite?

____

c) Como você percebe que é dia ou noite em cada cena?

2 O que você costuma fazer um pouco antes de dormir? E logo depois de acordar?

____

____

3 Leia o texto e responda no caderno.

A rua do Marcelo

Na minha rua passa o lixeiro, que leva o lixo, o carteiro, que traz as cartas, e o fruteiro, que vende frutas.

Mas o homem que entrega água na casa do Alemão não se chama aguadeiro, como eu acho que devia.

Ele é o entregador de água.

Ruth Rocha. *A rua do Marcelo*. São Paulo: Salamandra, 2012. p. 19.

IVAN COUTINHO

a) Marque os profissionais que passam na rua do Marcelo.

Fruteiro

Médica

Carteiro

ILUSTRAÇÕES: IVAN COUTINHO

b) De acordo com o texto, o que cada um destes profissionais faz?

Lixeiro: ______________________________

Carteiro: ______________________________

Fruteiro: ______________________________

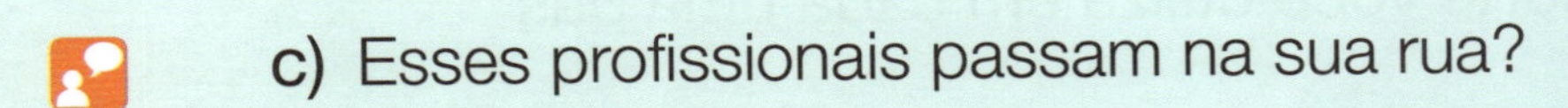

c) Esses profissionais passam na sua rua?

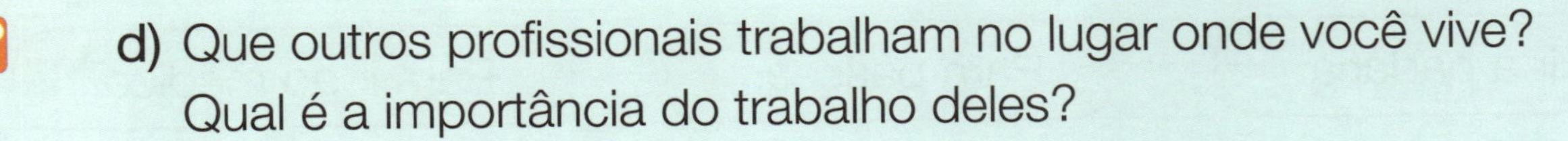

d) Que outros profissionais trabalham no lugar onde você vive? Qual é a importância do trabalho deles?

4 Complete a cruzadinha.

1. Meios de transporte que circulam por ruas, avenidas, estradas e ferrovias.
2. Meios de transporte que circulam pelo ar.
3. Meios de transporte que circulam por rios, mares, lagos e oceanos.
4. Meio de transporte aéreo com asas.
5. Meio de transporte terrestre.
6. Meio de transporte aquático.

ILUSTRAÇÕES: RLIMA

5 Escreva qual meio de transporte você utiliza em cada uma das situações a seguir.

Para ir à padaria.	Para passear.	Para ir ao médico.

6 No caminho até a escola, Marília viu as seguintes cenas.

ILUSTRAÇÕES: ALAN CARVALHO

a) Qual das cenas mostra respeito às leis e à sinalização de trânsito?

☐ Cena 1. ☐ Cena 2.

b) O que está errado na outra cena?

____

____

7 Observe a foto e responda no caderno.

JUNIOR ROZZO

a) Quais exemplos de sinalização de trânsito aparecem na foto?

b) A atitude dos pedestres está correta? Explique.

c) Que cuidados você toma quando anda a pé na rua?

UNIDADE
3
Você se comunica
FABIANA FAIALLO

Vamos conversar

1. Quais meios de comunicação você reconhece na imagem?
2. Qual desses meios de comunicação você costuma utilizar?
3. Quais meios de comunicação que aparecem na imagem transmitem informação para muitas pessoas ao mesmo tempo?

Diferentes maneiras de se comunicar

Quando queremos demonstrar nossos pensamentos, ideias ou sentimentos, utilizamos alguma forma de comunicação, como a fala, a escrita ou os gestos.

FABIO TEIXEIRA/FOLHAPRESS

Rua na cidade do Rio de Janeiro, em 2014. Os agentes de trânsito orientam os motoristas e os pedestres por meio de gestos.

1 **Observe, na foto ao lado, o gesto da juíza durante uma partida de futebol.**

a) Qual foi o gesto da juíza?

____

____

b) No futebol, o que o cartão vermelho significa?

____

____

c) Além de usar gestos, de que outra maneira a juíza pode se comunicar com as jogadoras durante o jogo?

MAJA HITIJ/GETTY IMAGES SPORT/GETTY IMAGES

Jogo de futebol feminino realizado na Holanda, em 2017.

Como nos comunicamos?

Podemos nos comunicar de diferentes maneiras. A fala, os símbolos, as cores, a arte e os sinais são algumas formas de comunicação.

A fala

A fala é uma forma de comunicação que faz parte da vida das pessoas desde a infância.

2 **Qual foi a primeira palavra que você falou? Pergunte a um adulto da sua família e escreva.**

____

Nas histórias em quadrinhos, são usados balões para indicar a fala das personagens. Você já leu uma história em quadrinhos?

3 **Leia a tirinha e responda.**

Mauricio de Sousa

a) Quantas personagens aparecem na tirinha? ☐

b) Você conhece as personagens dessa tirinha? Quem são?

____

c) De que maneira as personagens dessa tirinha se comunicam? Como você sabe?

____

____

____

A comunicação por meio dos símbolos e das cores

Os símbolos e as cores também são utilizados para comunicar ideias e mensagens.

Com o uso de símbolos, placas que não apresentam palavras se tornam formas de comunicação importantes em muitas situações.

4 Observe os símbolos a seguir e escreva o significado de cada um.

____

____

____

____

____

____

____

____

____

5 Observe este símbolo.

PAULO MANZI

a) Você já viu esse símbolo? Onde?

____

____

b) Qual é o significado desse símbolo?

____

____

As cores também transmitem mensagens. Por exemplo, para facilitar a separação de materiais recicláveis, utilizamos lixeiras de cores diferentes: cada cor indica o tipo de material que deve ser descartado na lixeira.

Materiais recicláveis: materiais que podem ser reaproveitados para fabricar novos produtos.

6 **Ligue cada material reciclável à lixeira correta.**

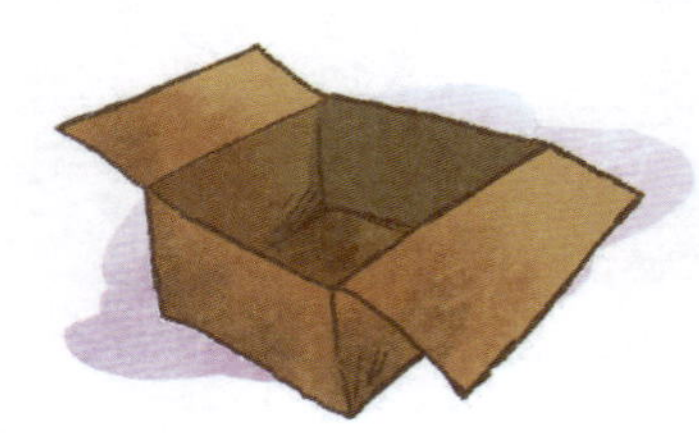

IVAN COUTINHO

ARTUR FUJITA

- Você já viu lixeiras como essas? Onde?

Por meio das cores, o semáforo organiza a circulação de veículos e pedestres.

7 **Pinte o semáforo e escreva o significado de cada cor.**

FERNANDO JOSÉ FERREIRA

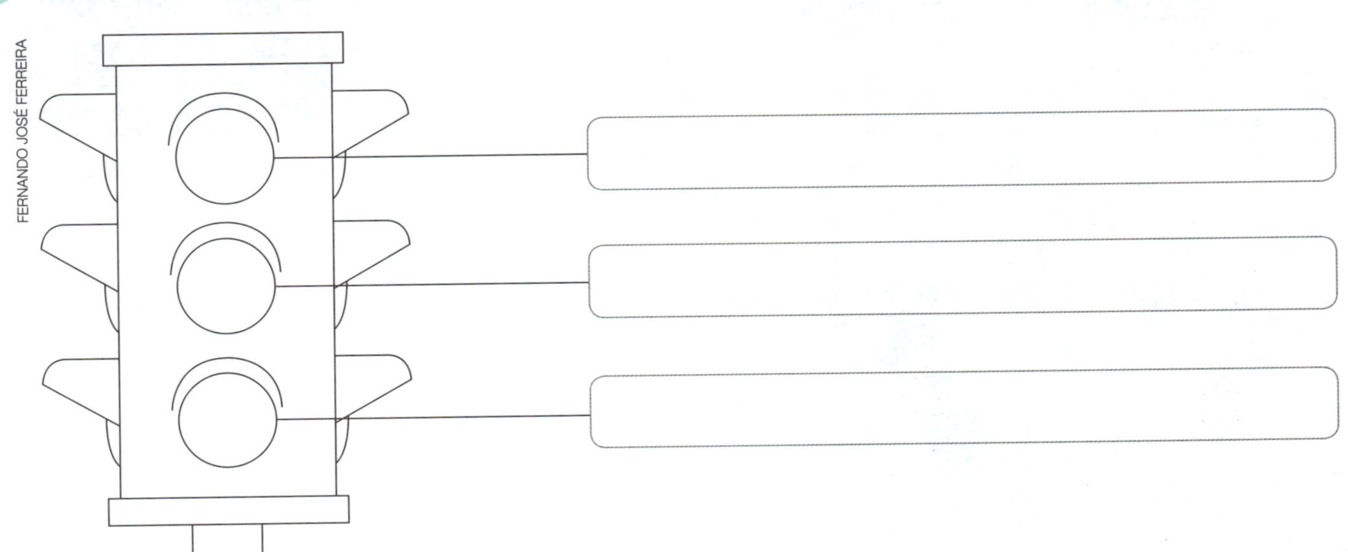

A comunicação e a arte

A arte é uma forma de expressão e de comunicação.

As manifestações artísticas, como o teatro, a dança, a música, o cinema, a pintura e a escultura, são linguagens utilizadas pelas pessoas para comunicar ideias, mensagens ou sensações.

GERSON GERLOFF/PULSAR IMAGENS

Apresentação de dança no município de Santa Maria, estado do Rio Grande do Sul, em 2017.

8 **Observe, ao lado, a escultura feita pelo artista Auguste Rodin e responda.**

a) Qual é o nome da escultura?

____

____

b) Em que ano essa escultura foi feita?

____

____

c) Em sua opinião, o que o autor da escultura quis comunicar?

____

____

____

BRIDGEMAN IMAGES/KEYSTONE BRASIL - PHILADELPHIA MUSEUM OF ART, PENNSYLVANIA

O Pensador, 1880, de Auguste Rodin, escultura em bronze, com altura de 68,9 cm.

d) O que você sente ao ver essa escultura?

____

____

____

A Língua Brasileira de Sinais

Pessoas com deficiência auditiva podem se comunicar por meio das línguas de sinais.

As línguas de sinais são diferentes em cada lugar do mundo. No Brasil, usa-se a **Língua Brasileira de Sinais**, conhecida como **Libras**.

Em Libras, as letras e as palavras são representadas por meio de sinais. Os sinais usados nessa forma de comunicação são gestos com significado.

Todos podemos nos comunicar por meio da Língua Brasileira de Sinais. Você sabe representar as palavras **borboleta** e **casa** em Libras? Veja nas imagens a seguir.

FERNANDO FAVORETTO/CRIAR IMAGEM

Essas pessoas estão se comunicando por meio da Língua Brasileira de Sinais.

Para comunicar a palavra **borboleta**, cruze os polegares e balance os dedos como asas.

VANESSA ALEXANDRE

Para comunicar a palavra **casa**, faça com as mãos a forma de um telhado.

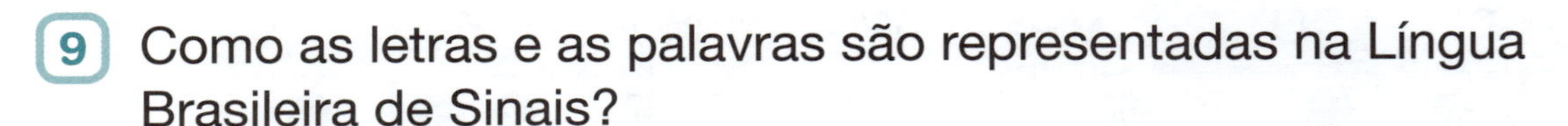

9 Como as letras e as palavras são representadas na Língua Brasileira de Sinais?

____

____

Sistema Braille

Você estudou que as pessoas com deficiência auditiva podem se comunicar por meio das línguas de sinais.

Para ler e escrever, usamos o sentido da visão. Você já pensou em como uma pessoa com deficiência visual poderia ler e escrever?

As pessoas com deficiência visual podem ler e escrever utilizando um recurso tátil, chamado **Sistema Braille.**

No Sistema Braille, cada letra é formada por seis pontos, sendo que um ou mais desses pontos deve estar em relevo.

IMAGENAV/GETTY IMAGES

Pessoa com deficiência visual lendo em braille.

Veja, no quadro abaixo, a representação das letras no Sistema Braille. Nessa representação, os círculos pretos indicam os pontos em relevo de cada letra.

Sistema Braille

A	B	C	D	E	F	G	H	I
●○	●○	●●	●●	●○	●●	●●	●○	○●
○○	●○	○○	○●	○●	●○	●●	●●	●○
○○	○○	○○	○○	○○	○○	○○	○○	○○

J	K	L	M	N	O	P	Q	R
○●	●○	●○	●●	●●	●○	●●	●●	●○
●●	○○	●○	○○	○●	○●	●○	●●	●●
○○	●○	●○	●○	●○	●○	●○	●○	●○

S	T	U	V	W	X	Y	Z
○●	○●	●○	●○	○●	●●	●●	●○
●○	●●	○○	●○	●●	○○	○●	○●
●○	●○	●●	●●	○●	●●	●●	●●

FERNANDO JOSÉ FERREIRA

1 Como as pessoas com deficiência visual podem ler e escrever?

2 Como são formadas as letras no Sistema Braille?

3 Você já viu informações escritas em braille? Onde?

Vamos fazer

Vamos escrever uma palavra em braille? Siga as etapas.

Etapas

1. Escolha uma palavra de seis letras e escreva-a no caderno.

2. A seguir, cada quadro com 6 círculos representa uma letra.
   Em cada quadro, pinte os círculos que correspondem aos pontos em relevo de cada letra da palavra que você escolheu. Consulte o Sistema Braille mostrado na página anterior.

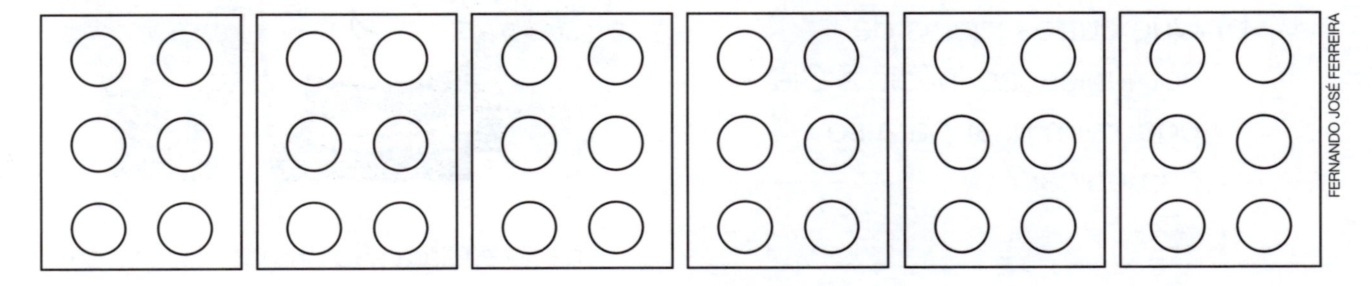

FERNANDO JOSÉ FERREIRA

3. Troque o livro com um colega e tente ler a palavra que ele escreveu.

Os meios de comunicação

De que maneira nos comunicamos no dia a dia?

Quando nos comunicamos com pessoas que estão próximas de nós, geralmente utilizamos o próprio corpo: a fala, os gestos, as expressões faciais.

Quando queremos nos comunicar com pessoas que estão longe, precisamos de um meio que possibilite a comunicação, como o telefone, a carta ou o correio eletrônico (*e-mail*).

1 **Em sua casa e na escola, de quais maneiras você se comunica com as pessoas que estão perto?**

2 **Como você se comunica com familiares e amigos que moram longe, em outro bairro ou em outra cidade? Conte para os colegas e o professor.**

ILUSTRAÇÕES: CLAUDIA SOUZA

3 **Observe a imagem ao lado.**

a) Qual é o meio de comunicação que Inácio e Clara estão usando?

____

b) Que outros meios de comunicação Inácio e Clara poderiam usar para se comunicar?

____

____

Inácio e Clara são primos. Eles vivem em países diferentes, mas estão sempre conversando.

Meios de comunicação individuais e meios de comunicação coletivos

Os meios de comunicação podem ser individuais ou coletivos.

Para falar com as pessoas podemos usar os **meios de comunicação individuais**.

A carta, o correio eletrônico (*e-mail*) e o telefone são exemplos de meios de comunicação individuais.

A carta é um meio de comunicação que existe há muito tempo. Antigamente, as cartas demoravam bastante até chegar ao destinatário. Hoje, elas são entregues pelos serviços de correio de maneira mais rápida.

O correio eletrônico (*e-mail*) pode ser utilizado para enviar e receber mensagens e diversas informações, como textos e fotos, instantaneamente.

O telefone permite enviar e receber mensagens sonoras. Os telefones celulares têm, também, funções como tirar fotos e acessar a internet, entre outras.

ILUSTRAÇÕES: IVAN COUTINHO

4 Qual meio de comunicação individual você mais utiliza no dia a dia?

____

____

5 Pergunte aos seus familiares quais meios de comunicação eles utilizam no dia a dia e anote as respostas no quadro abaixo.

Nome	Carta	Telefone fixo	Telefone celular	Correio eletrônico (*e-mail*)
Total				

a) Quantas pessoas você entrevistou? ☐

b) Escreva nos quadrinhos o número de pessoas que usam:

carta ☐ telefone celular ☐

telefone fixo ☐ correio eletrônico (*e-mail*) ☐

c) Qual foi o meio de comunicação mais citado pelos entrevistados?

carta ☐ telefone celular ☐

telefone fixo ☐ correio eletrônico (*e-mail*) ☐

Os **meios de comunicação coletivos** são usados para transmitir informações para muitas pessoas ao mesmo tempo.

Jornal, revista, rádio e televisão são exemplos de meios de comunicação coletivos.

Esses meios de comunicação nos informam sobre acontecimentos no Brasil e no mundo.

6 **Circule as imagens que representam pessoas usando meios de comunicação coletivos.**

ILUSTRAÇÕES: IVAN COUTINHO

- Dos meios de comunicação que você circulou, quais deles você utiliza no seu dia a dia?

____

____

 7 Procure, em jornais e revistas, imagens que mostrem meios de comunicação individuais e meios de comunicação coletivos. Cole-as nos quadros abaixo.

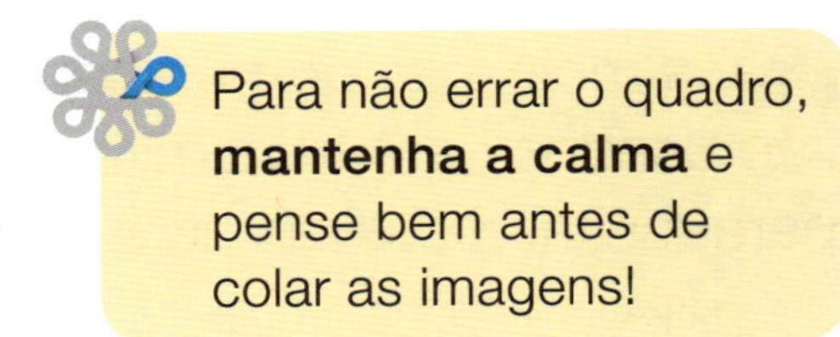

Meios de comunicação individuais

a) Quais meios de comunicação individuais você colou no quadro?

____

____

Meios de comunicação coletivos

b) Quais meios de comunicação coletivos você colou no quadro?

____

____

Do livro copiado à mão ao livro impresso

Há mais de mil anos, os livros eram escritos e copiados à mão. Nessa época, poucas pessoas sabiam ler e os livros eram raros e caros.

A invenção da imprensa, há mais de 500 anos, possibilitou imprimir várias cópias do mesmo texto. A impressão ficou muito mais rápida e barata. Isso contribuiu para que mais pessoas tivessem acesso à informação escrita.

Atualmente, existem imprensas computadorizadas para a impressão de jornais, livros e revistas.

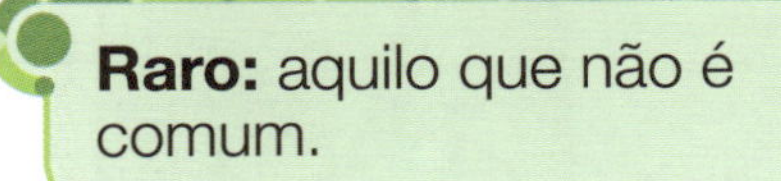

Raro: aquilo que não é comum.

JUCA MARTINS/OLHAR IMAGEM

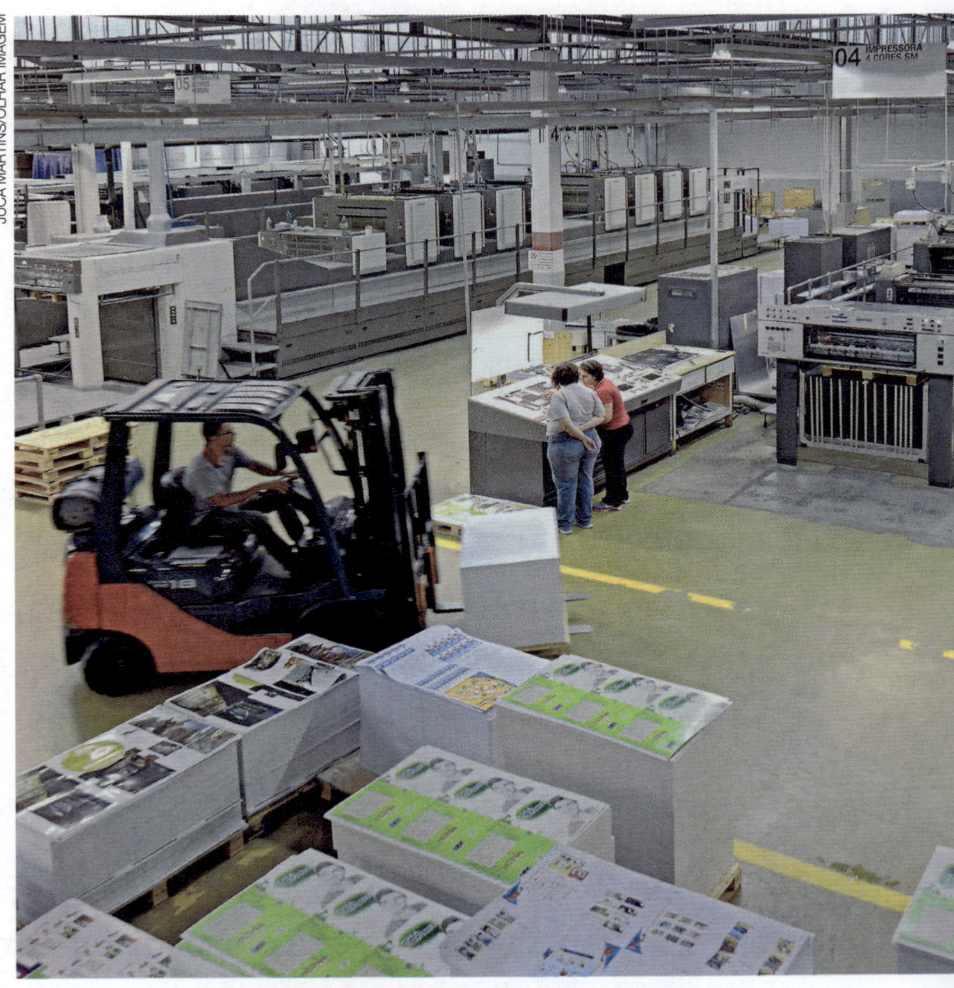

Interior de uma gráfica, no município de São Paulo, estado de São Paulo, em 2015.

8 Como eram escritos e copiados os livros antigamente?

____

____

9 De acordo com o texto, como a invenção da imprensa mudou o acesso à informação escrita? Converse sobre isso com os colegas e o professor.

10 Você gosta de ler?

a) Se sua resposta foi positiva, o que você gosta de ler?

b) Se sua resposta foi negativa, explique por que não gosta de ler.

O texto que você vai ler **compara** um telefone fixo antigo com um telefone fixo atual.

SCOTT DAVID PATTERSON/SHUTTERSTOCK

Alô, alô, responde...

Antigamente, os telefones fixos eram bem diferentes dos modelos atuais.

Nos anos de 1880, o telefone ficava fixado na parede, pois era pesado e grande. Nos dias atuais, o telefone é leve e pequeno.

Para usar o telefone antigo, falava-se por uma peça chamada transmissor e ouvia-se por outra peça chamada receptor. Com o telefone atual, uniu-se o transmissor e o receptor em uma mesma peça: o monofone.

Para realizar uma ligação no telefone antigo, era necessário acionar uma manivela e esperar a telefonista, que completava a chamada. No telefone atual, é possível fazer a ligação sem a ajuda da telefonista: basta digitar o número desejado e falar ao ser atendido.

PHOTOSEEKER/SHUTTERSTOCK

1 O que o texto compara?

____

____

2 Quais características dos telefones citados no texto são comparadas?

- [ ] Se são pesados ou leves.
- [ ] Se são grandes ou pequenos.
- [ ] Se são coloridos ou não.
- [ ] Se precisam de manivela ou não.

3 Complete o quadro de acordo com as informações do texto.

	Telefone fixo antigo	Telefone fixo atual
Tamanho	Grande.	
Peso		Leve.
Ligação	Acionava-se a manivela para chamar a telefonista, que completava a ligação.	

4 Leia as informações do quadro a seguir.

	Televisão antiga	Televisão atual
	BORTN66/SHUTTERSTOCK	COBALT88/SHUTTERSTOCK
Tamanho e peso	Era grande e pesada.	É fina e mais leve.
Imagem	Preto e branco.	Colorida.
Transmissão	Programas ao vivo.	Programas ao vivo e programas gravados.

- Com base nas informações do quadro, escreva um texto comparando a televisão antiga e a televisão atual. Lembre-se de dar um título para o seu texto.

Comunicação e tecnologia

As novas tecnologias e equipamentos têm tornado mais rápida a comunicação entre locais distantes.

A utilização de satélites artificiais, por exemplo, possibilitou a transmissão de imagens e de sons entre diversos locais do planeta, praticamente de maneira instantânea.

O rádio e a televisão são alguns meios de comunicação que usam satélites artificiais. Assim, o rádio e a televisão podem transmitir fatos que ocorrem em locais distantes praticamente no momento em que eles acontecem.

Observe como a transmissão por satélite funciona na ilustração a seguir.

Em uma transmissão por satélite, os sinais são enviados por uma antena de transmissão. Os sinais são captados pelo satélite e reenviados para uma antena de recepção.

Você já viu algum programa ao vivo na televisão?

- Em sua opinião, como foi possível a transmissão desse programa?

A internet e a comunicação

A internet é a rede que interliga computadores do mundo todo. Com a internet, é possível enviar e receber mensagens por correio eletrônico (*e-mail*), acompanhar notícias em *sites*, fazer pesquisas e *downloads*, isto é, baixar arquivos.

A internet também permite acessar as redes sociais e conversar com familiares e amigos em tempo real, por meio de mensagens de texto, voz e vídeo.

2 **Mateus está mandando um *e-mail* para seu amigo.**

a) Quem vai receber a mensagem?

____

b) Qual é o assunto da mensagem?

____

____

____

c) O que é preciso ter para enviar ou receber correspondência eletrônica?

____

____

____

____

3 **Você tem acesso à internet em sua casa? E na escola? Se tiver, responda: para que você utiliza a internet em cada um desses lugares?**

4 **Em sua opinião, de que maneira a internet facilita a comunicação entre pessoas de diferentes lugares?**

Cuidados na internet

As pessoas utilizam cada vez mais a internet. Alguns cuidados são necessários para navegar no mundo virtual, principalmente quando o usuário é uma criança.

Veja a seguir alguns cuidados que você deve ter ao utilizar a internet em casa, na escola ou em qualquer outro local.

Navegue em *sites* seguros e apropriados para a sua idade. Se tiver dúvidas, consulte sempre seus responsáveis.

Na internet, não dá para saber de verdade quem está do outro lado. Por isso, nunca converse com desconhecidos e só use a câmera com a autorização de seus responsáveis.

ILUSTRAÇÕES: CLAUDIA SOUZA

Não publique fotos, não relate fatos da sua vida nem divulgue seus compromissos na internet sem a permissão de seus responsáveis.

Não divulgue seu nome, endereço ou telefone para alguém que conheceu na internet. E não forneça senhas para ninguém, somente para seus responsáveis.

5 De acordo com o texto, quais são os cuidados que as crianças devem ter ao utilizar a internet?

____

____

____

____

6 Você tem esses cuidados ao navegar na internet?

☐ Sim ☐ Não

7 Que outros cuidados você pode ter para navegar de forma segura na internet?

8 Em sua opinião, as crianças sabem os cuidados que elas devem ter ao utilizar a internet?

☐ Sim ☐ Não

9 Que tal alertar outras crianças da escola sobre o uso da internet? Siga as etapas e bom trabalho!

Etapas

1. Reúna-se com alguns colegas e elaborem cartazes com dicas de cuidados ao utilizar a internet.
2. Ilustrem cada dica com desenhos ou imagens recortadas de revistas e jornais.
3. Apresentem os cartazes ao professor e, em seguida, espalhem pela escola.

CLAUDIA SOUZA

Sejam claros e objetivos na hora de escrever as dicas. Assim, todas as crianças vão entendê-las! **Usem a criatividade** para elaborar os cartazes!

O que você aprendeu

1 **Complete as frases com as palavras do quadro.**

gestos	fala	escrita	arte

a) As cartas são formas de comunicação ______________________.

b) O guarda orienta o trânsito por meio de ______________________.

c) Quando telefonamos para alguém, nós nos comunicamos por meio da ______________________.

d) A pintura é uma forma de comunicação por meio da ______________________.

2 **Pense no dia de hoje.**

a) Com quantas pessoas você já se comunicou desde o momento em que acordou?

____

b) De que modo a comunicação com essas pessoas aconteceu?

____

____

3 **Desenhe o meio de comunicação que você mais utiliza para se comunicar com as pessoas.**

- Compare seu desenho com o desenho do colega que senta ao seu lado. Vocês desenharam o mesmo meio de comunicação?

4 Observe os desenhos e responda.

ILUSTRAÇÕES: CLAUDIA SOUZA

a) Qual é o meio de comunicação que cada criança está utilizando?

____

____

b) Por qual desses meios a comunicação é praticamente instantânea?

____

c) Além da rapidez na transmissão da mensagem, quais outras diferenças existem entre esses meios de comunicação? Explique.

5 **Liste os meios de comunicação mostrados abaixo, separando-os em meios de comunicação individuais e meios de comunicação coletivos.**

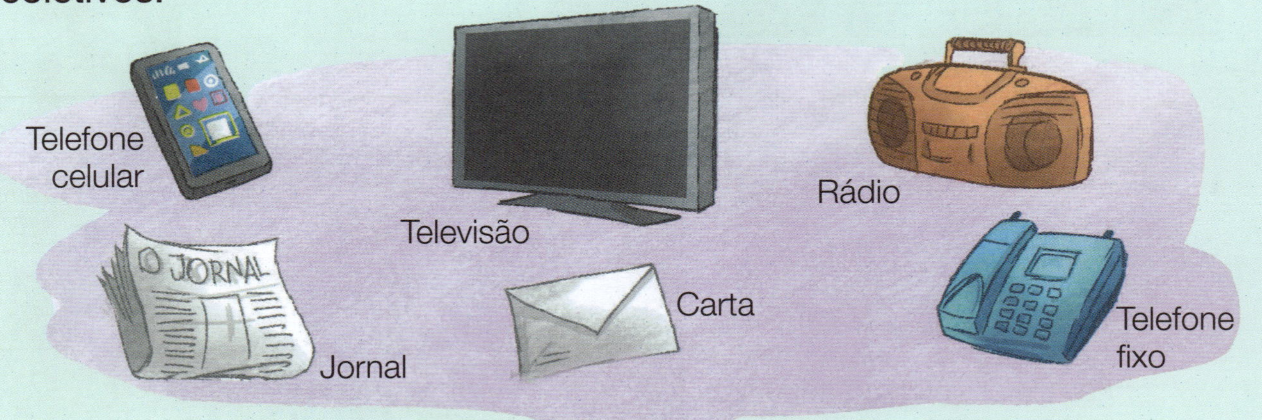

ILUSTRAÇÕES: IVAN COUTINHO

Meios de comunicação individuais	Meios de comunicação coletivos

6 Quais meios de comunicação podem ser usados para transmitir informações para muitas pessoas ao mesmo tempo?

____

____

- Você utiliza algum desses meios de comunicação? Se sim, qual?

____

7 Reúna-se com um colega, observem as fotos e respondam no caderno.

KEYSTONE/HULTON ARCHIVE/GETTY IMAGES

Família assistindo à televisão em 1955.

FERNANDO FAVORETTO/CRIAR IMAGEM

Família assistindo à televisão em 2008.

a) O que as famílias estão fazendo?

b) A maneira como as famílias realizam essa atividade é parecida? Expliquem.

c) Observe os aparelhos de televisão. O que há de semelhante e de diferente entre eles?

8 Observe a fotografia, leia a legenda e responda às questões.

Na Alemanha, pessoas assistem ao jogo entre Alemanha e Argentina, disputado durante a Copa do Mundo de Futebol de 2014. Essa copa se realizou no Brasil e foi transmitida ao vivo para o mundo.

a) Que meio de comunicação aparece na foto?

____

b) Onde aconteceu esse jogo?

____

c) Como foi possível assistir ao jogo na Alemanha no mesmo momento em que ele acontecia no Brasil?

____

____

____

d) Você conhece programas de televisão ou de rádio que são transmitidos ao vivo? Liste, no caderno, os programas que você conhece.

9 Quais são os cuidados que você tem para utilizar a internet de forma segura?

UNIDADE 4

Em cada lugar, um modo de viver

Trecho da região polar ártica no norte do Canadá, em 2017.

LARS OVE JONSSON/ALAMY/FOTOARENA

JACQUES SIERPINSKI/AURIMAGES/AFP

Trecho do deserto do Saara em um país chamado Mauritânia, na África, em 2017.

Vamos conversar

1. Que diferenças você percebe entre esses três lugares?
2. Você sabe onde cada lugar se localiza?
3. Em sua opinião, como vivem as pessoas em cada um desses lugares?

MARCOS AMEND/PULSAR IMAGENS

Trecho da floresta amazônica, no estado de Mato Grosso, em 2015.

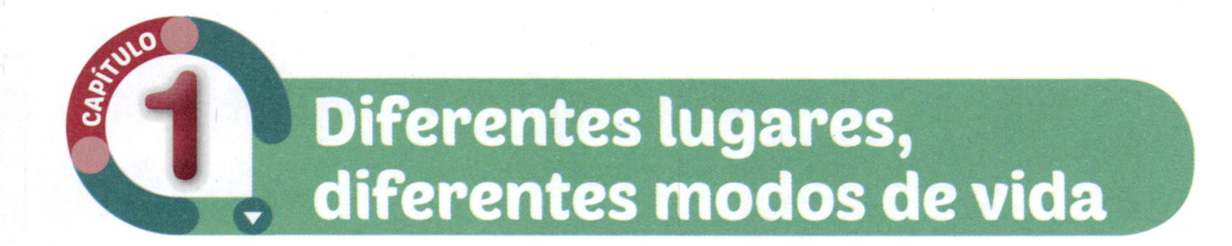

CAPÍTULO 1 Diferentes lugares, diferentes modos de vida

Você já deve ter percebido que existem muitos lugares diferentes no nosso planeta, não é mesmo?

As imagens que você viu na abertura desta unidade mostram apenas três exemplos de uma grande variedade de lugares que existem na Terra.

Vamos conhecer um pouco desses lugares e como as pessoas vivem neles?

Viver na região polar ártica

O povo inuíte habita a região polar ártica, próxima ao Polo Norte. Eles ocupam principalmente as terras da parte norte do Canadá, uma área chamada Nunavut.

Veja no mapa onde Nunavut se localiza.

Fonte: National Geographic. *Atlas National Geographic*. Edição portuguesa. Espanha: RBA Coleccionables, 2005. v. 8.

1 Como é chamada a área ocupada pelos inuítes no norte do Canadá?

____

A região polar ártica é uma das mais frias do planeta. A superfície fica coberta de gelo a maior parte do ano.

Antigamente, os inuítes habitavam os iglus, moradias feitas de blocos de gelo e neve. Mas os iglus foram sendo substituídos por casas de madeira.

Atualmente, os iglus são utilizados como abrigos temporários nos períodos em que a caça é permitida.

A mineração, a pesca e a caça estão entre as principais atividades dos inuítes. Eles também praticam o artesanato, fazendo esculturas para vender aos turistas ou para participar de exposições em galerias de arte.

AARON VINCENT ELKAIM/THE NEW YORK TIMES/FOTOARENA

Iglu construído em Nunavut, no Canadá, em 2017.

PETE RYAN/GETTY IMAGES

Comunidade inuíte em Nunavut, no Canadá, em 2015.

Viver no deserto do Saara

Os tuaregues vivem em diversas áreas do deserto do Saara, uma vasta região onde quase não chove e praticamente não existem plantas.

O Saara fica no norte da África e é o maior deserto do mundo. Nesse deserto, os dias são bastante quentes e as noites são muito frias.

Veja, no mapa, onde o deserto do Saara se localiza.

Fontes: Graça M. L. Ferreira; Marcello Martinelli. *Atlas geográfico ilustrado*. 4. ed. São Paulo: Moderna, 2012; Felipe Fernández-Armesto (Editor). *The Times atlas of world exploration*. Nova York: Harper Collins Publishers, 1991.

2 **Complete as frases com as palavras do quadro.**

deserto	tuaregues	África

a) Os ______________________ vivem no deserto do Saara, que se localiza no norte da ______________________.

b) O deserto do Saara é o maior ______________________ do mundo.

Alguns grupos tuaregues são nômades. Eles não têm moradia fixa e estão sempre se deslocando pelo deserto. Por isso, vivem em tendas feitas de couro, um material bastante resistente.

O camelo é o principal meio de transporte usado pelos tuaregues.

As principais atividades praticadas pelos tuaregues são a criação de camelos e de cabras e o comércio de sal.

C. SAPPA/DEAGOSTINI/GETTY IMAGES

Acampamento tuaregue no deserto do Saara, no Marrocos, em 2016. As tendas tuaregues são feitas de couro e sustentadas por estacas de madeira.

PHILIPPE ROY/AURIMAGES/AFP

Para proteger o corpo dos raios do Sol e da areia, os tuaregues usam mantos e cobrem a cabeça. Na foto, tuaregues no deserto do Saara, na Argélia, em 2017.

3 Por que alguns grupos tuaregues vivem em tendas?

____

____

Viver na floresta amazônica

A floresta amazônica ocupa vasta área do norte do Brasil e também terras de alguns países vizinhos.

A floresta amazônica é formada por grande variedade de plantas e está em uma região quente e onde chove muito.

Veja, no mapa ao lado, a localização da floresta amazônica.

Vários povos indígenas vivem na floresta amazônica, entre eles os Kayapó.

Geralmente as aldeias Kayapó são organizadas em círculos. As moradias distribuem-se de modo regular ao redor de uma área descampada. Elas são feitas com materiais encontrados na floresta: madeira, folhagem, palha.

Fonte: IBGE. *Atlas geográfico escolar*. 7. ed. Rio de Janeiro: IBGE, 2016.

Aldeia Kayapó na floresta amazônica, no município de São Félix do Xingu, estado do Pará, em 2016.

4 De onde os indígenas Kayapó retiram os materiais utilizados na construção de suas moradias?

Os Kayapó dedicam-se ao cultivo de alguns alimentos, à caça, à pesca, entre outras atividades.

As mulheres Kayapó trabalham na roça. Elas cultivam milho, mandioca, batata-doce, cana-de-açúcar e banana. Elas também preparam os alimentos e cuidam das crianças.

Os homens caçam, pescam, fabricam objetos e ferramentas. Eles também são responsáveis pela realização das cerimônias e dos rituais típicos da comunidade.

DELFIM MARTINS/PULSAR IMAGENS

Mulher indígena Kayapó limpando o terreno para cultivo no município de São Félix do Xingu, estado do Pará, em 2016.

RENATO SOARES/PULSAR IMAGENS

Indígenas Kayapó participam da dança da mandioca no município de São Félix do Xingu, estado do Pará, em 2016.

Você conheceu três lugares bem diferentes um do outro e estudou o modo de vida de alguns povos que habitam esses lugares.

5 **Complete o quadro com as características do lugar onde vivem os povos inuíte, tuaregue e Kayapó.**

Povo	Onde vive	Como é o lugar
Inuíte		
Tuaregue		
Kayapó		

- Há semelhanças entre algum desses lugares e o lugar onde você vive? E diferenças? Quais?

6 Agora, preencha este outro quadro com algumas características do modo de vida de cada povo.

Povo	Como são as moradias	Principais atividades
Inuíte		
Tuaregue		
Kayapó		

a) Quais são as semelhanças entre o modo de vida dos inuítes, dos tuaregues e dos Kayapó? E as diferenças?

b) O seu modo de vida se parece com o modo de vida de algum desses povos? O que é parecido? O que é diferente?

c) Em sua opinião, como os Kayapó e os inuítes devem se relacionar com a natureza para manter seu modo de vida?

O texto que você vai ler **descreve** o modo de vida do povo indígena Araweté.

Os indígenas Araweté

O povo indígena Araweté vive em terras do estado do Pará.

As moradias não têm uma organização regular na aldeia e ficam bem perto umas das outras. As paredes da moradia Araweté são construídas com pedaços de madeira e barro amassado; não têm janelas e a porta é pequena. O teto da moradia é feito de palha. Em cada moradia vive uma família.

Os Araweté praticam a caça e a pesca. Coletam frutos e mel. Mas a agricultura do milho é a principal atividade na aldeia. Além do milho, eles cultivam mandioca, batata-doce, algodão, mamão, entre outros produtos.

AVIDD/FLICKR

Moradias Araweté no estado do Pará, 2005.

1 O texto descreveu o modo de vida de qual povo indígena?

____

2 Quais aspectos do modo de vida desse povo foram descritos no texto?

- [ ] Local onde vive.
- [ ] Organização das moradias na aldeia.
- [ ] Nomes das festas e cerimônias.
- [ ] Materiais utilizados na construção das moradias.
- [ ] Principais atividades praticadas.

3 Leia, no quadro abaixo, alguns aspectos do modo de vida de outro povo indígena, o Bororo.

Povo indígena Bororo	
Local onde vive	Terras do estado de Mato Grosso.
Organização das moradias	Organizadas em círculo.
Materiais das moradias	Paredes de palha trançada e telhado de palha.
Famílias por moradia	De duas a três famílias.
Principais atividades	Caça, pesca, coleta de frutos e de mel, agricultura de mandioca, feijão, milho, arroz, entre outros produtos.

- Com base nas informações do quadro, escreva um pequeno texto contando como vivem os indígenas Bororo. Lembre-se de dar um título ao seu texto.

O modo de vida das pessoas e a natureza

As pessoas transformam a natureza de acordo com seu modo de vida.

Árvores são derrubadas para a exploração de madeira, para o cultivo de alimentos, para a criação de animais e para a construção de cidades e de estradas.

Veja, na sequência de desenhos abaixo, como a natureza foi transformada para a construção de uma cidade.

Inicialmente, havia muitas árvores.

Depois, algumas árvores foram derrubadas para dar lugar a plantações e a algumas moradias.

Por fim, com o crescimento da cidade, prédios, ruas e avenidas foram construídos.

IVAN COUTINHO

1 Qual desenho mostra a natureza mais preservada:

☐ 1 ☐ 2 ☐ 3

- Qual desenho mostra a natureza mais transformada?

☐ 1 ☐ 2 ☐ 3

2 Que mudanças ocorreram na natureza para a construção da cidade?

Por meio do trabalho, as pessoas transformam a natureza

É por meio do trabalho que as pessoas transformam a natureza. Elas vão ocupando o espaço e organizando-o de acordo com suas necessidades, seus interesses e seu modo de vida.

Observe as fotos abaixo.

1

JOÃO PRUDENTE/PULSAR IMAGENS

Paisagem no município de Moeda, estado de Minas Gerais, em 2016.

2

SERGIO PEDREIRA/PULSAR IMAGENS

Paisagem no município de Feira de Santana, estado da Bahia, em 2016.

3 Como a natureza foi transformada em cada lugar mostrado nas fotos?

4 Em sua opinião, as pessoas que vivem nesses lugares têm o mesmo modo de vida? Explique a sua resposta.

As atividades de trabalho no campo e na cidade

O modo de vida no campo é diferente do modo de vida na cidade. Vamos entender melhor essas diferenças estudando as atividades de trabalho que se desenvolvem em cada um desses espaços.

As atividades de trabalho no campo

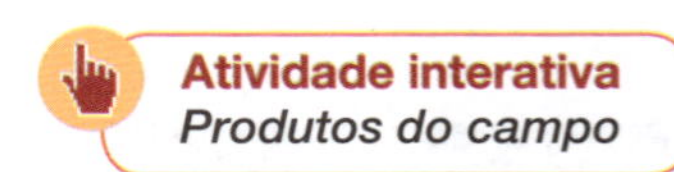

As principais atividades de trabalho no campo são a agricultura, a pecuária e o extrativismo.

A atividade de cultivar a terra é chamada de **agricultura**.

A condição do solo é muito importante para a agricultura. O solo deve ser fértil, ou seja, deve apresentar condições necessárias para o crescimento das plantas, por exemplo água, gás oxigênio e nutrientes.

A agricultura produz os alimentos que consumimos no dia a dia: frutas, legumes, hortaliças, entre outros.

DIRCEU PORTUGAL/FOTOARENA

Agricultor colhendo hortaliças no município de Campo Mourão, estado do Paraná, em 2017.

5 Qual é a importância do solo para a agricultura?

____

____

6 A agricultura é uma atividade praticada no lugar onde você vive? Se sim, o que é cultivado?

A atividade de criar e reproduzir animais é chamada de **pecuária**.

Essa atividade produz alimentos como carne, leite e ovos. Também produz couro, utilizado na fabricação de calçados, bolsas e roupas.

GERSON GERLOFF/PULSAR IMAGENS

Trabalhador conduzindo bois no município de Santa Vitória do Palmar, estado do Rio Grande do Sul, em 2017.

O **extrativismo** é a atividade de extração ou coleta de recursos naturais para a produção de diversos produtos.

A extração de madeira é uma atividade extrativa vegetal.

A caça e a pesca são atividades extrativas animais.

A extração de minério de ferro para produzir chapas de aço, por exemplo, é uma atividade extrativa mineral.

KARLHEINZ WEICHERT/TYBA

Extração de minério de ferro no município de Ouro Preto, estado de Minas Gerais, em 2014.

As atividades de trabalho na cidade

As principais atividades de trabalho na cidade são a indústria, o comércio e a prestação de serviços.

A **indústria** é a atividade de transformar a matéria-prima em outros produtos.

Matéria-prima: qualquer produto, natural ou não, que, na indústria, pode ser transformado em outro produto.

Observe a sequência de fotos. Ela mostra a transformação de uma matéria-prima (a madeira) em produtos industrializados (os móveis).

DELFIM MARTINS/PULSAR IMAGENS

1. As árvores são derrubadas e transportadas para a serraria.

CESAR DINIZ/PULSAR IMAGENS

2. Na serraria, as toras são transformadas em chapas de madeira.

MARCELLO LOURENÇO/TYBA

3. Na indústria, as chapas de madeira são transformadas em móveis.

ROOM27/SHUTTERSTOCK

4. Esses móveis são exemplos de produtos industrializados.

7 Qual é a matéria-prima utilizada na fabricação dos produtos mostrados na foto 4? De onde vem essa matéria-prima?

____

____

____

Nas atividades de **comércio**, as pessoas vendem e compram mercadorias. Quem vende a mercadoria é o comerciante. Quem compra a mercadoria para seu uso é o consumidor.

Nas cidades, há muitos estabelecimentos comerciais: lojas de produtos variados, mercados, quitandas, entre outros.

SERGIO RANALLI/PULSAR IMAGENS

Rua comercial no município de Bandeirantes, estado do Paraná, em 2017.

Atividade interativa
Os profissionais e seus setores

A **prestação de serviços** é a atividade em que alguém vende um serviço para outra pessoa ou para uma empresa.

Há muitos prestadores de serviços na cidade: professores, motoristas de ônibus, médicos, advogados, faxineiros, secretários, eletricistas, pedreiros, porteiros, cabeleireiros, engenheiros e muitos outros.

ALEXANDRE TOKITAKA/PULSAR IMAGENS

Motorista de ônibus no município de São Paulo, estado de São Paulo, em 2016.

8 **No lugar onde você mora há muitos estabelecimentos comerciais? O que eles vendem?**

CAPÍTULO 3

Atividades humanas e problemas ambientais

As atividades humanas transformam a natureza e podem causar problemas ambientais.

Problemas ambientais no campo

As atividades agrícolas, pecuárias e extrativistas são importantes, pois fornecem alimentos para as pessoas e diversas matérias-primas para as indústrias. No entanto, quando praticadas de forma inadequada, essas atividades podem prejudicar o ambiente.

Grandes áreas de florestas são derrubadas para dar lugar às plantações e às pastagens. Isso pode provocar o desaparecimento de espécies animais e vegetais.

Quando a floresta é retirada, o solo fica desprotegido e pode ser destruído, principalmente pela ação da água da chuva. Isso acontece porque, quando a água da chuva escoa, leva consigo porções do solo que se desprenderam, formando buracos e diminuindo a sua fertilidade.

GERSON GERLOFF/PULSAR IMAGENS

Solo destruído no município de Manoel Viana, estado do Rio Grande do Sul, em 2017.

1 Cite duas consequências do desmatamento provocado pela agricultura e pela pecuária.

____

____

O extrativismo mineral altera profundamente a natureza, pois muitos minerais são encontrados no interior da superfície terrestre. Para extraí-los, é necessário derrubar a floresta e destruir o solo.

CHICO FERREIRA/PULSAR IMAGENS

Extração de calcário no município de Almirante Tamandaré, estado do Paraná, em 2016. Observe como essa atividade altera a natureza e destrói o solo.

As atividades agrícolas e extrativas podem poluir a água dos rios.

Muitos produtos químicos utilizados nas plantações são levados pela água das chuvas até os rios, poluindo as águas e contaminando peixes e outros organismos.

Várias substâncias nocivas aos seres vivos também são lançadas nas águas dos rios nos processos de extração mineral.

THOMAZ VITA NETO/TYBA

Trabalhador rural aplica produtos químicos em plantação no município de Planalto, estado de São Paulo, em 2016. Esses produtos contaminam as águas dos rios e podem fazer mal à saúde das pessoas.

 **2** **Quais problemas ambientais podem ser causados pelo extrativismo mineral?**

Problemas ambientais na cidade

No Brasil, a maior parte das pessoas vive em cidades.

A concentração de pessoas, de veículos, de indústrias e de estabelecimentos comerciais pode contribuir para a poluição na cidade.

As indústrias lançam fumaça, fuligem e substâncias nocivas, poluindo o ar. Os veículos também contribuem para a poluição do ar nas cidades.

O esgoto é um dos principais responsáveis pela poluição da água nas cidades.

Grande parte do esgoto produzido nas indústrias, nos estabelecimentos comerciais e nas moradias é despejada sem tratamento nos rios, contaminando suas águas.

LUCIANA WHITAKER/PULSAR IMAGENS

A poluição gerada pelas indústrias pode causar danos ao ambiente e à saúde das pessoas. Na foto, fumaça saindo da chaminé de indústria no município de Volta Redonda, estado do Rio de Janeiro, em 2014.

ADILSON B. LIPORAGE/OPÇÃO BRASIL IMAGENS

Esgoto sem tratamento é lançado no Rio dos Cachorros, na cidade do Rio de Janeiro, estado do Rio de Janeiro, em 2016.

3 Em sua opinião, o ar do lugar onde você vive é poluído? Justifique sua resposta.

A quantidade de lixo produzido nas cidades é outro problema ambiental.

No Brasil, a maior parte do lixo é coletada e depositada em lixões a céu aberto, sem nenhum tratamento. Essa prática contamina o solo e atrai insetos e outros animais que causam doenças.

Muitas vezes, o lixo é jogado no leito dos rios, poluindo suas águas. O lixo também é jogado nas ruas e nas avenidas, poluindo a cidade.

DELFIM MARTINS/TYBA

Lixão a céu aberto no município de São Félix do Xingu, estado do Pará, em 2016.

JOÁ SOUZA/FUTURA PRESS

Lixo em calçada da cidade de Salvador, estado da Bahia, em 2017.

CESAR DINIZ/PULSAR IMAGENS

Rio poluído despeja sujeira na baía de Guanabara, no município de São Gonçalo, estado do Rio de Janeiro, em 2015.

4 No lugar onde você vive existe algum rio? A água dele é limpa ou poluída? Se for poluída, qual é a causa dessa poluição?

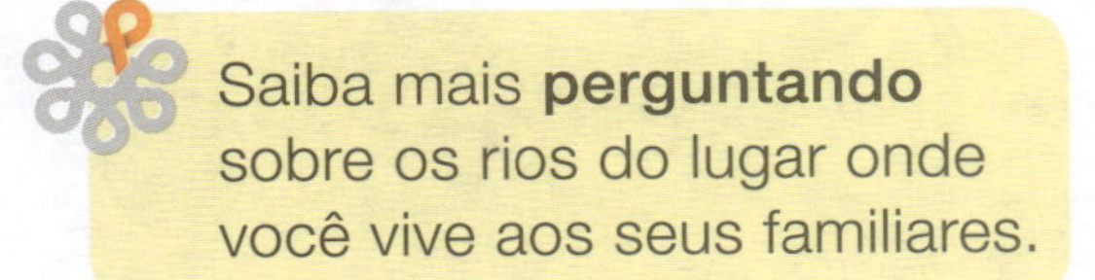
Saiba mais **perguntando** sobre os rios do lugar onde você vive aos seus familiares.

Evitando o desperdício de água

Você sabia que a maior parte da água utilizada pelas pessoas nas atividades do dia a dia vem dos rios?

Por isso, é importante não poluir ou contaminar as águas dos rios com lixo, esgoto não tratado e substâncias nocivas aos seres vivos.

Também é importante evitar o desperdício de água, pois ela é um recurso cada vez mais escasso na natureza e um dia pode acabar. Por esse motivo, a economia de água beneficia todas as pessoas.

Veja, abaixo, algumas atitudes simples que ajudam a evitar o desperdício de água.

Fechar a torneira enquanto escova os dentes. Usar um copo com água para enxaguar a boca.

Fechar a torneira enquanto ensaboa a louça.

ILUSTRAÇÕES: RENATO VENTURA

Tomar banho mais rápido.

Evitar usar mangueira para lavar o quintal e a calçada. Dar preferência para vassoura e balde.

1 Quem se beneficia com a economia de água? Por quê?

____

____

2 Como as pessoas podem contribuir para evitar o desperdício?

____

____

____

____

3 Em sua opinião, a água é importante? Por quê?

____

____

____

Vamos fazer

Nem todas as pessoas sabem por que é importante economizar água. Mas você sabe e até conhece algumas atitudes para colaborar com isso. Vamos ajudar?

Que tal começar alertando as pessoas que moram com você? Siga as etapas e bom trabalho!

Etapas

1. Reúna-se com seus colegas e pensem em atitudes que podem evitar o desperdício de água em casa.
2. Façam uma lista com as principais atitudes.
3. Escrevam avisos chamando a atenção para cada uma dessas atitudes.
4. Em casa, afixem os avisos nos locais apropriados: ao lado da pia do banheiro ou da cozinha, ao lado do chuveiro etc.

RENATO VENTURA

O que você aprendeu

1 Associie as palavras da primeira coluna às frases correspondentes.

A	Inuíte	( )	Povo que habita a floresta amazônica.
B	Tuaregue	( )	Moradias feitas de blocos de gelo e neve.
C	Kayapó	( )	Povo que habita a região polar ártica.
D	Nunavut	( )	Maior deserto do mundo.
E	Saara	( )	Grupo que habita o deserto do Saara.
F	Iglu	( )	Terras inuítes localizadas no Canadá.

- Agora, encontre as palavras da primeira coluna no diagrama.

N	G	T	A	Ç	F	L	O	X	Q
I	N	U	Í	T	E	P	X	T	N
C	W	S	V	H	P	T	Z	H	U
T	U	A	R	E	G	U	E	V	N
A	L	A	J	L	R	Ç	V	F	A
B	D	R	T	I	C	R	A	M	V
Z	Y	A	K	G	V	Q	G	T	U
A	B	Q	I	G	L	U	D	X	T
X	T	U	G	U	Ç	D	X	K	M
K	A	Y	A	P	Ó	P	M	I	D
U	Z	T	R	F	E	W	B	Q	A

2 Como é a região onde vive o povo inuíte? E como é a região onde você vive?

3 Que diferenças há entre o seu modo de vida e o modo de vida do povo inuíte?

4 Compare as imagens e responda.

Município do Recife, estado de Pernambuco, 2016.

HANS VON MANTEUFFEL/PULSAR IMAGENS

Município de Sertânia, estado de Pernambuco, 2016.

DELFIM MARTINS/PULSAR IMAGENS

a) Em qual desses lugares a natureza foi mais transformada pelas pessoas? Justifique a sua resposta.

____

____

b) Por que esse lugar foi mais transformado pelas pessoas que o outro?

____

____

5 Escreva o que se faz em cada uma das seguintes atividades.

a) Agricultura: ______________________________

____

b) Pecuária: ______________________________

____

c) Extrativismo: ______________________________

____

d) Indústria: ______________________________

____

6 Complete o quadro com os problemas ambientais que podem ser causados pelas atividades humanas.

Atividade	Problemas ambientais
Agricultura	
Pecuária	
Extrativismo	
Indústria	

a) Quais problemas ambientais listados no quadro acima ocorrem no lugar onde você vive?

b) Em sua opinião, como esses problemas ambientais poderiam ser evitados? Converse com os colegas e o professor sobre isso.

7 De que maneira a retirada da floresta pode destruir o solo?

____

____

____

8 Quais são as consequências da destruição do solo para as pessoas?

____

____

____

9 O que pode poluir ou contaminar a água dos rios?

____

____

____

10 Quais são as consequências da poluição das águas para as pessoas?

____

____

____

11 Assinale as atitudes que contribuem para a economia de água.

- [ ] Fechar a torneira enquanto escova os dentes.
- [ ] Lavar a calçada e o quintal com a mangueira aberta.
- [ ] Fechar a torneira enquanto ensaboa a louça.
- [ ] Tomar banho rápido e evitar que o chuveiro fique aberto muito tempo.

- O que poderia ser feito para evitar o desperdício de água na atitude que você **não** assinalou?

____